纐纈 厚

日本の武器生産と武器輸出

1874～1962

緑風出版

まえがき

本書は、私がこの間、特に拘って研究を進めてきた一八七〇年代から一九六〇年代にかけての日本の「武器生産と武器輸出」の史的展開を追った論考を集めたものである。

帝国日本の生成と発展過程において、一八七四年の台湾出兵を嚆矢として、相次ぐ戦争を経るなかで国内の兵器産業の充実が国策として強化されていく。台湾出兵から二〇年後に起きた日清戦争、さらに一〇年後の日露戦争時における日本の兵器生産は依然として揺籃期を脱せず、軍工廠は稼働してはいたが、特に軍艦など大型の大砲や艦船はイギリス、イタリアなど外国からの輸入に頼らざるを得なかった。

そのなかで日本の武器生産が本格化するのが、第一次世界大戦時であった。とりわけ大戦終了の年であった一九一八年には、「軍需工業動員法」が制定され、官営の軍工廠だけでなく、民間の企業にも兵器生産の役割が期待されることになった。現在の防衛産業強化法と相似する同法によって、帝国日本は本格的な兵器生産国への道を歩み始める。そのことを「**第一章　武器生産をめぐる軍民関係と軍需工業動員法**」で論述した。

その兵器生産を持続的安定的たらしめるためには、平時であっても武器の供給を希望する諸国家に武器輸出する政策の確定であった。そこで日本の主要な武器輸出対象国となったのがロシアと中国であった。第一次世界大戦中、参戦国であったロシアは主にドイツとの戦闘で兵器及び弾薬などの消耗と不足に悩まされ、それを補完するために日本からの武器輸入に大きく依存するところとなった。日本のロシアへの武器輸出の実態は、従来の軍事史研究領域でも若干の研究は進められているが、史料的には不十分な点が少なくない。

そこでは武器輸出が国策として進められた一方、ある程度の会社としての自立性をも容認させようとする商社と陸軍との軋轢（あつれき）も生じていたことをも追う。つまり、例え国策としても企業利益優先の論理に立てば、ある意味では当然であった。そうした問題を含め「**第二章　帝国日本の武器生産問題と武器輸出商社**」で論じた。諸外国への武器輸出業務を担った商社の中でも最大手だった日本通商を取り上げた。同社は、当該期の大手商社から国策として武器輸出を担う商社が陸軍の統制下に設立されたものであった。

さらに一九二〇年代にはいると、今度は中国への武器輸出が盛んとなるが、ロシアに対する武器輸出についても先行研究は不足する点が多々存在する。とりわけ、対中国武器輸出が、武器生産を後押しするためだけでなく、武器輸出によって中国への影響力を拡大し、事実上中国を統制する機会を確保しようとしたことが注目される。対中国武器輸出は、対ロシア武器輸出と異なり、政治目的が極めて大きかったことを論証している。そのことについて、「**第三章　第一次世界大戦後期日本の対ロシア武器輸出の実態と特質**」と「**第四章　第一次世界大戦期日本の対中国武器輸出の展開と構造**」で論じた。

敗戦によって日本の兵器産業は解体に追い込まれるが、戦後の冷戦期において武器については、アメリカからの貸与や輸入によって発足間もない自衛隊の装備の充実が図られた。次第に防衛産業の自立と回復が志向されるに及び、アメリカとの調整を重ねながら、制約されてきた防衛産業が次第に復活の兆しを見せ始める。そのことを「**第五章　冷戦期日本の防衛産業と武器移転**」で論じた。

各論を通して指摘できるのは、武器生産及び武器輸出あるいは武器移転を通して、戦前においてはロシア及び中国との国家間関係において影響力を獲得し、同時に武器生産と輸出を国家経済の主軸に据え置く政策が一貫して追求されたことである。そのためには、アジア近隣諸国が不安定な状況で推移することこそ日本に有利な状況を生む、とする把握が有力となっていた。

日本からの武器輸入に依存せざるを得なかったロシアは、戦争が国家存亡の危機と重なって、日本からの武器輸入に懸命となった。中国では国内の政治抗争の激化に伴い、諸軍閥が競って日本やドイツからの武器輸入を果敢に行った。事実、内乱の激化に比例して、特に日本からの武器輸入は大幅に増大していった。戦後日本は再軍備過程で武器輸入調達はアメリカに依存していくが、同時に戦前日本の実績を取り戻すべく武器生産への渇望も生まれ行く。

戦争が国家発展の原動力として、あるいは国家救済の手段として繰り返される限り、武器生産と武器輸出及び武器輸入、総じて武器移転は頻繁化する。それゆえに戦争と武器との相関関係にも着目しつつ、戦争の可能性を軽減していく一つの方途として、武器生産と武器移転の歴史事実を追い、その削減方法を紡ぎ出すことが益々重要となっている。そうした問題意識から本書を編んだ次第である。

日本の武器生産と武器輸出――1874~1962◉目次

はじめに・3

第一章　武器生産をめぐる軍民関係と軍需工業動員法　15

はじめに――問題の所在と課題――……15

1　諸勢力の軍需工業動員体制準備構想……18

日本工業の軍事化・18／海軍の動向・23／軍需工業動員構想案の登場・27

政府・財界関係者の構想・31／根底に経済立国主義・34

2　軍需工業動員構想をめぐる軍・財間の対立と妥協……37

自給自足論をめぐって・37／中国資源への着目・43／小磯と西原等の総力戦認識・46

3 官民合同問題……51
軍需と民需の連携・51／軍需民営化への期待と不安・54
4 軍需工業動員法制定と軍・財間の合意形成……57
制定経緯・57／参謀本部「軍需品管理法案ノ要旨」・59／陸軍省の軍需品法案・61
法制局の軍需工業調査法・63／陸・海軍の軍需工業動員法案（内閣請議案）・63
内閣の軍需工業動員法案（閣議決定案）・64／議会審議の内容と制定法・64
進む軍・財間の調整・69／寺内内閣の対応と諸勢力の反応・72
おわりに――総括と展望――……77

第二章 帝国日本の武器生産問題と武器輸出商社
――泰平組合と昭和通商の役割を中心にして――

81
はじめに――先行研究と課題設定――……81

先行研究の要約―芥川・坂本・名古屋・柴田論文を中心に―・82
問題の所在と課題の設定・86
1 武器輸出への関心増大の背景……89
ロシアからの武器輸出要請・89／「兵器独立」と「官民合同」・93
2 第一次世界大戦前後期の武器輸出問題―泰平組合の役割―……97
武器輸出への対応・97／満州事変前後期日本海軍の武器輸入・101
3 昭和通商の役割と日本陸軍……106
昭和通商の創設・106／中国とタイへの武器輸出・107
おわりに―結論と残された課題―……113

第三章

第一次世界大戦後期日本の対ロシア武器輸出の実態と特質 117

はじめに……117

本章の課題と分析視角・117

1 ロシア政府からの武器輸入要請と日本政府の対応……119

対ロシア武器輸出の背景・119／対ロシア武器輸出の実態・127

2 日本陸・海軍の対ロシア武器輸出と武器生産体制の整備……130

日本陸軍の場合・130／日本海軍の場合・135／シベリア干渉戦争期の武器輸出・139

おわりに――小括に代えて――……147

第四章

第一次世界大戦期日本の対中国武器輸出の展開と構造

――日中軍事協定期（一九一八―一九二一）期を中心にして――

151

はじめに……151

1　第一次世界大戦（一九一四―一九一八）期の対中国武器輸出の背景……154

兵器同盟論の展開と兵器統一問題・154／参戦問題と日中軍事協定・159

2　第一次世界大戦以後における対中国武器輸出の実態……163

中国政府への武器輸出と矛盾の表出・163／遅延する武器輸出と価格設定問題・168

地方軍閥への武器輸出と担い手・172

3　対中国武器輸出禁止問題の浮上と日本の対応……176

各地域督軍への武器輸出の実態・176／供給の方法をめぐる乖離・179

武器輸出遅延と輸出停止問題の浮上・181

おわりに……185

第五章 冷戦期日本の防衛産業と武器移転
――自立と同盟の狭間で――
189

課題の設定と先行研究……189
課題の設定・189／先行研究・191
用語の定義について――「自主防衛」と「独自防衛」――・194
1 戦前期日本軍需工業の解体と復活……197
軍需工業の解体過程・197／武器貸与の開始とMSA協定・200
アメリカの対日経済・軍事支援・202／再軍備案の登場と帰結・204
MSA協定をめぐる対立・206
2 自主防衛論と日米同盟論の相克――自立と従属の曖昧な選択――……212

防衛生産委員会の発足と活動・212
経団連防衛生産委員会の兵器輸出論と防衛力整備案・215
国民経済を圧迫する防衛産業・216

3　自主防衛論の高揚と軽軍備論の並走──冷戦期日本の防衛政策──……221

防衛政策をめぐる対立・221　／武器輸出市場と輸出実績・223

おわりに──三つの課題から──……225

注・231

文献リスト・283

初出一覧・290

あとがき・291

第一章

武器生産をめぐる軍民関係と軍需工業動員法

はじめに――問題の所在と課題――

本章の課題は、総力戦体制研究の一環として、第一次世界大戦期日本の軍需工業動員政策をめぐる軍部と財界、これに官僚、政界、学界等の諸勢力間の対立と協調・妥協を次のような視角から考察することにある。換言すれば、第一次世界大戦に出現した総力戦という新たな戦争形態を前に、総力戦に適合する兵器生産を担保する体制を如何に構築していくかをめぐる問題である。

第一次世界大戦で顕在化した総力戦段階に対応するいわゆる軍需工業動員体制構築の国内的要請は、当該期支配諸勢力の緊急検討課題となった。そこにおける軍需工業動員体制とは、従来の軍工廠を中心とする生産・補給体制と現存物資および人員徴発・徴用を目的とした徴発令（一八八二年八月一二日制定・太政官布告第四三号）体制に加えて、平・戦両時にわたる大量の軍需品生産を可能とする工業動員体制の確立を基本的要件とするものであった。[*1]それで軍需工業動員体制構築の担い手は、単に陸・海軍に留まらず、財界とこれに加えて官僚、政党、学界等の諸勢力全体となるはずであった。

つまり、波形昭一が指摘したように、「歴史上はじめて経験する世界大戦とその長期化は内外両面にわたる諸激変と戦後経営の強い危機感をわが国支配層にもたらし、政府・官僚・政党・財界を一体として戦時・戦後経営対策へとかりたてる一つの直接的動機となった」[*2]のであり、第一次世界大戦を画期に財界・産業界は日本帝国主義の再編成に乗り出すのである。それがヨーロッパ参戦諸国の戦時工業動員体制の実態に触発された、国内工業の重化学工業化の促進ということであった。[*3]一方、同じく大戦で顕在化した高度な総力戦形態の出現は、日本の陸・海軍に来たるべき総力戦への準備を迫るところとなり、そのための基本的対応策の一つとして需工業動員体制構築が案出されたのであった。

ここに重化学工業化促進を目指す財界、これを支持する政党及び官僚勢力と、軍需工業動員体制構築を目指す陸・海軍とは、不可避的に調整・協調を基軸とする関係に入った。特に陸・海軍と財界は、その過程で軍需工業動員政策をめぐり、競合・対立の様相を呈しながらも、総力戦段階に対応する軍需工業動員体制構築を共有可能な達成目標としていったのである。それは大戦末期から、軍需工業動員法の制定（一九一八年四月）を一つの頂点として、軍部と財界との間（以後、軍・財間と称する）では相当程度の合意に達していたのである。[*4]

そこで筆者は、総力戦体制研究を深めるために、以上の問題視角から、次のような課題を負っていると考える。**第一**に、当該期における軍需工業動員体制準備構想について、従来の研究では陸・海軍と財界との対立や軍部の主導性に重点を置き過ぎていたが、実態は必ずしもそうではなく、むしろ軍・財間においては、これを支持する官僚、政党、学界をも含めて、相当程度の合意が形成されていたことを論証することである。[*5]

第二に、そのことを明らかにするために、軍人・財界人・官僚（特に農商務官僚）・政党人・学者などの軍需工業動員法体制への構想や見解、あるいは現状認識についての発言の形跡を追うことで、支配諸勢力間の基本的合意の内容と、そこに至る経緯を明らかにすることである。

第三に、最近における総力戦体制研究の動向との関連である。ここ数年間において、大戦期間の政治過程を貫く支配勢力の政策方針が総力戦体制構築にあった、とする所謂総力戦体制研究が一層活発となってきている。[*6] しかし、従来の研究では、総力戦体制を「単なる戦時に備えて物資を調達する体制ではなく、それを前提に、軍備「生産力」拡充を図り、急激に軍事力を強化する体制」[*7]と定義されるように、それが陸・海軍主導による総力戦段階に対応した一種の軍事体制と位置付けられ、他の諸勢力はこれに追従する批判者的存在として規定される傾向があった。そこでは総力戦体制構築という支配諸勢力の課題が、実際は大戦を契機として重化学工業化の促進を目指す戦後経営策と密接不可分の関係にあったことを確認しなければならない。

本章では以上の問題設定に沿って先行研究を踏まえつつ、（一）大戦中から開始された支配諸勢力の軍需工業動員体制構想の内容は実際どのようなものであったのか、（二）それを具体化する際、日本の当該期の政治的経済的状況に規定された課題は何であったか、(三) そうした課題が、軍需工業動員法の制定過程でどう克服され、特に陸・海軍と財界の矛盾・対立がいかに調整されたか、その結果、所謂〝軍財協調路線〟がなぜ成立していくことになったのか、を主要な分析課題としていきたい。*8

1 諸勢力の軍需工業動員体制準備構想

日本工業の軍事化

総力戦段階における陸軍の緊急課題は、軍需品（砲弾・火薬・兵器・糧秣・衣服等）の大量消費に耐え得る軍需品生産体制を確立することであった。それこそが総力戦での戦勝の必須の条件であることを、陸軍は参戦諸国の戦時経済・政治体制の調査・研究から教訓化していたのである。

すなわち、陸軍は、大戦勃発の翌年の一九一五（大正四）年一二月二七日、陸軍省内に臨時軍事調査委員会（委員長菅野尚一）を設置し、ヨーロッパ参戦諸国の戦時国内動員体制の調査・研究と日本国内の軍需品生産能力の実態把握に乗り出すことになった。*9 同委員会第二班は、「動員実施ノ概要」「応急準備ト動員トノ関係」「動員ト作戦輸送トノ関係」*10 など、「動員」関係事項の調査研究を担当し、同委員会発行の『月報』に動員・補充・復員、国家総動員のテーマと並んで軍需工業動員に関する記事を掲載している。*11 ここにおいて早くも総力戦体制の物的基盤として、軍需工業動員が着目されていたのである。しかし、それらは以前参戦諸国の実態紹介の域に留まっており、国家レベルにおいて、軍需工業動員体制への検討は殆どなされていなかった。

これに対し、国内軍需工業動員体制と陸軍の国家総動員構想案を最初に提示したのは、参謀本部総務部第一課（編成動員担当）で作成された『全国動員計画必要ノ議』（一九一七年九月）であった。そこでは、「我工業界ヲシテ開戦ト共ニ所謂一諸勢力ノ軍需工業動員体制準備構想工業動員ヲ実施シ、以テ莫大ナル需要ニ適応セシムルノ困難ナルハ、敢テ識者ヲ俟テ後識ラサルナリ」[12]と明記し、軍需品生産能力の低位水準に対する危倶が卒直に表明されていた。なかでも現状の軍需品生産体制が著しく軍工廠と外国依存に偏していること、軍工廠と民間工場との連絡・協力体制が全く立ち遅れていること、などを指摘していた。こうした課題克服のため、全国にわたる広範な軍需工業動員体制を確立すること、これを指導・管理する統一機関の設置を提唱した。

一方、参謀本部第二部第五課（志那課）兵用地誌班が作成した『帝国国防資源』（通称、「小磯国昭少佐私案」、一九一七年八月作成）は、「第一章　総論　第三節　工業転換ニ関スル準備計画」のなかで、「戦時輸出入ノ杜絶ニ伴ヒ輸出品工業ノ大部ハ、其作業ヲ停止セサルヘカラサルニ反シ、軍需品工業ハ急激ナル拡張ヲ要望スヘシ。是ニ於テハ平時ヨリ綿密ナル工業転換ニ関スル計画ヲ立案シ、機械及労カノ転換法、労力並原料ノ配当ニ関スル統一的計画工業転換ヲ円滑ナラシムヘキ平時施設又ハ指導、労力及原料ノ節減並代用法等予定シ置クコト必要ナリ」[13]と記し、戦時軍事工業動員体制構築には平時から民間工業が軍需工業へ転換可能な準備をしておくこと、同時にそれを具体化する機械、労働力、原料の確保を保証する体制が不可欠としていた。

また、同書は戦時における資源確保と、平時からの軍需工業の物的基礎となる軍需工業用資源供給地選定、および資源の移入体制の検討を主な調査研究対象としており、軍需工業動員体制確立要件の最大課題として資源確保を強調していた点が注目される。この間、臨時軍事調査委員会は、研究成果を次々に発表していくが、『欧州交戦諸国ノ陸軍ニ就テ』（一九一七年一月刊行）では、第五章「交戦各国戦時工業動員ノ実況概説」において、各国の軍需工業動員は軍関係機関の業務拡充により実施されたと報告している。そして、結論として、「戦闘ノ勝敗ハ軍隊ノ精否（ママ）ニ関スルコト頗（すこぶ）ル大ナリ、是レ平時ヨリシテ軍隊教育ニ深遠ノ考慮ヲ求ムル所以ナリ」[14]と述べ、必ずしも軍需工業動員の重要性を総力戦準備の第一にあげるまでには至っていなかった。

その一方で、陸軍の正面整備体系の立ち遅れや、継戦能力への不安感を指摘し、これを解消するためにも軍需工業動員体制確立を説く見解が多くなってきた。たとえば、後に軍需工業動員法の制定に重要な役割を果たすことになる陸軍砲兵大佐吉田豊彦は、「愈々（いよいよ）戦時状態を見るに及んで製造能力を極端に発揮せざる得ない以上、茲（ここ）に於てか工業動員を行ふの必要が起って来る。而（しこう）して此の工業動員が迅速に行はるると否とは戦時に甚大な影響を及ぼすことになる」[15]と記し、工業動員能力水準が戦勝要素の根本となるとの判断を示していた。また、陸軍砲兵小佐上村良助も、「いかに戦線に精鋭なる軍隊が配列せらるるにせよ、工業動員が完全に行なわれて、軍器弾薬他の兵器が、遺憾なく補給せられなかったら、充分の活動は覚束ないのである」[16]と記し、ほぼ吉田と同様の見解を述べていたのである。

こうした見解をさらに具体的な展望をもって要約したのが陸軍少将菊地慎之であった。すなわち、菊地は、「欧州戦乱ノ実験ハ独リ軍隊ノ動員ノミヲ以テ足レリトセス。経済、工業ハ勿論国家ノ各機関ヲ挙ケテ動員ノ必要ヲ認ムルニ至レリ。将来ノ動員豈ニ尋常一様ノ計画ヲ以テ甘ンスヘケンヤ」[*17]と述べ、従来軍隊の戦場への移送を意味した純軍事用語としての「動員」(mobilization)を、総力戦段階では非軍事的領域にまで拡大して適用することが不可避となっている現状を強調した。菊地は、要するに国家総動員の概念を端的に提示していたのである。

こうした見解や各種調査機関の成果を踏まえた当該期陸軍の軍需工業動員体制構想は、臨時軍事調査委員会作成の『工業動員要綱』にほぼ集約されていると考えられる。そのなかでは「工業動員の眼目」として次のものが列挙されている。

一　社会全般ニ亙(わた)ル準備的平時施設ヲ完備シ、国防ノ要旨ヲ離レサル経済発展ニ基礎ヲ置ク。
二　国策ノ大局ヲ過ラサル為各種ノ智識ヲ糾合シ、確実ナル統計ヲ基礎トシ、根本的平戦時計画ヲ確立シ、萬難ヲ排シテ之ヲ断行ス。
三　計画ノ遂行ニ適切ナル組織ヲ完備シ、各組織ノ連繫ヲ円滑周密ナラシメ、之ヲ最高統轄部ノ一貫セル恒久不変ノ方針ニ従属セシム。
四　陸海軍、外交、財政、産業、交通運輸及其ノ他ノ行政機関ノ連繫ヲ適切画一ナラシム。
五　平戦時ニ亙リ完全ナル兵器独立ヲ図ル為、基本原料就中(なかんずく)鉄及石炭ノ資源ヲ確保シ、尚官民共同自給策ノ考究及普及ニ努ム。[*18]

これらを要約すれば、工業動員は日本経済の軍事化、つまり、軍事＝国防を中軸に居えた経済構造＝国防経済への転換を図ること、そして、国防経済の運営は、「最高統帥部」の指揮命令による各行政機関の一元的支配の確立、兵器生産の自立化、資源確保を目標とする官民共同自給策の準備によって軍需品の必要量を概算し、それによって達成可能であるとした。この構想は陸軍だけでなく、文字通り国家の総力を挙げることによって達成されるものであり、それゆえ陸軍は他の諸機関、諸勢力にもこの構想への支持・協力を求めて積極的な動きを見せるのである。陸軍は当面の現実的課題として取り敢えず、軍需品生産能力水準の調査・把握を一層徹底させる目的で、一九一八（大正七）年一月、臨時軍事調査委員会を設置することになった。

同委員会の主催者であった陸軍大臣大島健一は、同年一月一八日、同委員会第一回会同の席上でその設置理由を、「欧州戦役ノ実験ニ鑑ミ、又輓近工芸科学ノ進歩ニ顧レハ、我カ現制陸軍技術及器材ノ改良、軍資ノ調達補給ニ一段ノ研究ヲ重ネ、以テ我カ作戦能力ヲ完全ナラシムルノ急務ナルモノアル」[*19]ためと訓示していた。ここで明らかな如く、陸軍は軍需工業動員体制構築の諸前提として現状における軍需品生産能力再点検の作業を当面の課題としたのである。そして、同委員会による現状把握の成果が着実に得られていく過程で、より確実に軍需工業動員能力が明らかにされていった。これ以後、陸軍省内における軍需工業動員法必要論が急速に浮上してくるのは、同委員会のひとつの成果であった。

さて、この委員会には参謀本部から次長、総務、第一、第二の各部長、教育総監部から本部長、騎兵監、野戦砲兵監、重砲兵監、工兵監、輜重兵監が、陸軍省から次官、軍務・兵器局の各局長、軍事・経理・鉄砲・器材課の各課長などが委員として参加した。陸軍全体の各部局が担当領域に関係ある軍需品の必要量を概算し、それによって平時から必要な軍需品の量を策定しておこうとしたのである。

その際、同委員会は大戦中イギリスの軍需省内に設置された軍需会議をモデルとしており、そこでは軍需大臣が議長となって全体が極めて強力な統制・管理のもとに運営されていた。[*20] 従って、陸軍も同委員会による調査・研究の実施と同時に、それが陸軍外の各官庁・諸機関をも統括し、工業動員を推進する中央機関としての役割を期待していたとも考えられる。

海軍の動向

大戦勃発を原因とした鉄鋼の輸入激減のため深刻な造船兵器の材料不足に陥っていた海軍は、一九一五（大正四）年一二月二三日、海軍技術本部長栃内曽次郎の監督下に材料調査会（委員長市川情次郎）を設置し、その対応策を練ることになった。「材料調査会内規」によれば、同会の役割は、次のようなものであった。

甲　帝国領域内ニ産出スル造船造兵材料並ニ其ノ原料ノ品質、数量、現状及将来ノ見込ニ関スル調査研究。
乙　以上ノ材料及原料ヲ軍用ニ供スル為必要ナル指導。
丙　外国製造船造兵材料ノ調査研究。

丁　各部ニ於テ制定セントスル造職造兵材料試験検査規格ノ調査。[*21]

海軍の場合、艦船製造用材料が多種にわたっており、鉄鋼輸入の激減という前例のない事態は、戦時における材料・原料の確保と、平時における材料製造能力の充実とを認識させることになった。このことは同年一〇月二日に設置され、大戦参加諸国の海軍における動員状況の研究調査を担当した臨時海軍調査委員会（委員長山屋他人）の第二分科会に「出師準備品」、「戒厳・徴発」、第三分科会に「機関」、「軍需品」の調査研究項目が設けられたことからも知れる。[*22] すなわち「出師準備品」調査は、戦時に必要な軍需品の国内自給率の算定、「戒厳・徴発」は民間所有の既存物資の所有量の調査、「機関」は民間工場における軍需品生産能力の実態把握、「軍需品」では燃料を中心にした一般軍需品の調査が目標とされるのである。

以上、二つの委員会によって、海軍が大戦の勃発と同時に、工業動員の必要性を陸軍同様と認識していたことが知れる。さらにこれらとは別に平・戦両時における軍需工業動員の具体的な内容をより総合的に検討し、計画を立案するため、一九一七（大正六）年六月二日に兵資調査会（委員長左近司政三）が設置された。これは陸軍の軍需調査委員会にほぼ相当するものであった。

兵資調査会の「処務内規」によれば、「海軍部内及部外の軍需工業力を調査し、軍需品製造補給に於て作戦上遺憾なき様平時より施設すべき事項、及び戦時実施すべき工業動員計画を完成するを目的とす」（第一条）[*23]とし、同会が軍需工業動員体制構築を目指す意図のもとに設置されたことを明記していた。

同会で構想された具体的な軍需工業動員計画は、同年八月二日付で同会の溝部洋六委員が、古川鈊三郎（しんざぶろう）委員、左近司政三委員宛に提出した「英国軍需省ヲ新設シタル理由及我帝国ニ其ノ必要ノ有無」[*24]と題する通牒によって明らかである。すなわち、同通牒は、最初にイギリスにおける軍需省設置（一九一五年五月）理由が、戦時中の軍需品の製造、運輸・供給の有効なる増進の必要性、軍需品製造供給の統一を図る中央管理機構設置、陸海軍軍人の実業方面への不慣れ、労働者（特に職工）の確保、などにあったと指摘した後、海軍の見地からする、以上二つの委員会によって海軍が大戦勃発と同時に、軍需省設置の「利点」として次のことをあげている。

一、統一セラレタル中央管理ハ、海陸両省ノ協定ニ俟（ま）ツヨリモ確実ナリ。
二、陸海軍ノ協定ハ容易ナルカ如キモ事実ニ於テ然（しか）ラザレバ、之力調和ヲ期スル機関必要ナリ。
三、軍人以外ノ実業家、技術家ヲ集メ其力ヲ平易ニ軍隊後方ノ用務ニ利用スルコトヲ得。
四、戦闘ヲ単ニ軍隊ノミカ担任スルト云フ形式ヲ破リ、挙国ニ任スルノ形式トナル。
五、軍需品製作供給ノ能率ヲ増加スルコトヲ得ベシ。

ここでは単に陸海軍の統一機関設置の発想を超えて、軍以外の諸機関、諸勢力との協調関係の制度化を是とする、総力戦体制構築の認識を読み取ることが可能であろう。特に軍需工業動員体制の準備が、「挙国ニ任スルノ形式」となると強調した理由には、海軍が陸軍以上に工業水準の低位性克服を切実な課題として認識していたからであろう。しかし、その一方で海軍としても、次の内容を「害点」としてあげ、慎重な姿勢も見せていたのである。

一、中央管理機関ノ長官ニ（又ハ陸軍々人カ海軍々人カノ一人）部外者ヲ用ユル結果、陸軍、海軍、直接ノ要求ヲ或ハ中途ニ遅延セシムルノ弊害ヲ生スルコトナキカ。

二、陸軍、海軍ノ協定カ完全ニ遂行スルモノトセハ、不必要ナル一機関ヲ増加スル害アリ。

軍需省設置構想の根底には、あくまで陸・海軍主導による軍需工業動員体制構築の志向が存在していた。その意味で主導性が保障されればイギリス型の軍需省設置を是と考えていたのである。したがって、軍需省設置による「害点」は消極的意味しかなく、海軍としては、各種調査会の成果をもとに軍需省設置を積極的に構想するにいたっていたのである。

以上、溝部委員の提言は、当該期海軍幹部の見解をほぼ集約したものと考えられる。つまり、兵資調査会委員長左近司政三は、これに関連して同調査会が、「宇内ノ大勢ニ応シ我ガ国策ノ基礎トシテ調査研究ヲ進メサルヘカラス」[*25]との認識を明らかにしていた。左近司のいう「宇内ノ大勢」とは、戦時における高度の軍需工業動員体制構築を不可避とする総力戦段階の出現を示しているのである。

同様の認識は、同年一二月一三一九一八日、農商務商工局長名で提出された「工業用材料機械類ノ形状寸法統一並ニ度量衡統一ニ関スル件」に対し、兵資調査会が作成した回答案にも見出すことが出来る。そこでは、「工業力増進ノ根本トシテ錯雑セル我工業界統一的基準ヲ扶殖スルコトノ軍事上並ニ経済上必要ナルハ、大勢既ニ之ヲ認ムル所ナリ」[*26]と記され、工業能力水準の引き上げに根本的に不可欠であった度量衡規格統一問題にも積極的に関心を示していたのである。言うまでもなく度量衡規格統一問題は、生産の効率化、生産力拡充にとって重要課題であり、官営工場と民間工場との生産技術の平準化にも必須のものであった。

軍需工業動員構想案の登場

一九一八（大正七）年二月、兵資調査会は以上の経過を踏まえて、より具体的な軍需工業動員構想案を作成するにいたった。すなわち、東烏猪之吉委員は、同年二月二五日付の「軍需工業動員及工場管理状況ニ関シ」[*27]と題する文書の中で、大戦参加諸国の軍需工業動員実施の実態について分析した結果、各国に共通する要点として次の内容を列挙した。

一、軍需工業管理機関ノ新設
二、軍需品ノ使用、売買移動輸出制限若クハ禁止管理
三、前項国内所有高及其分布調査並ニ其管理
四、軍需品ノ輸出禁止若クハ制限
五、同輸入
六、官立工場拡張
七、官立工場新設

八、民間軍需工場拡張
九、軍需工業ニ転用シ得ヘキ民間工場利用
一〇、民間軍需工場新設
一一、工場管理
一二、輸送管理
一三、人員、原料、材料、機械ノ適当ナル補給

以上の諸点は、法律または勅令によって政府が必要に応じて、国内資源、農・商工業、輸送機関や人員を随意に利用した経緯があったとしている。また、ここでは海軍が構想する軍需工業動員体制の青写真が、参戦諸国の実態報告・調査という形をとって明らかにされている。それは同時に同年四月に制定された軍需工業動員法への海軍の最終的原案としての性格をも示しており、実際、海軍の構想は同法の中で相当程度条文化されていくのである。

その際、海軍はイギリス型の軍需工業動員体制を模範とし、その積極的導入を説いていた。すなわち、イギリスでは、国防法（Defence of general Act）、国防条法（Defence of general regulation）、軍需品法を設けて、政府がこれらの法律によって軍需工業を強力に統制・管理していたのである。なかでも海軍省、軍事参議院（陸軍省）、軍需大臣に付与された権限規定を記した国防法の内容は、軍需工業動員法の原型と言って過言ではなかった。それは次のような内容であった。

（イ）如何ナル会社工場ニ対シテ、其全部又ハ一部ノ生産力ヲ政府ノ用ニ要求シ得ルコト。
（ロ）如何ナル会社又ハ現存設備ト雖モ、政府ノ用ニ使用又収容シ得ルコト。
（ハ）如何ナル会社工場ト雖モ、海陸軍省軍需大臣カ軍需材料ノ生産ヲ大ナラシムル為ニ与ユル指令ニ従フヘキコト。
（ニ）或会社工場ニ於ケル軍需品ノ生産ヲ維持シ、又ハ増加セシガ為ニ、他ノ会社工場ノ作業、経営者ノ使傭機械及設備ノ移動ヲ制限シ得ルコト、戦用品ニ使用シ得ヘキ金属及ビ材料ノ供給ヲ調節シ又ハ管理シ得ルコト。
（ホ）軍需品ノ生産貯蔵又ハ輸送ニ従事スル職工ノ居住用トシテ、如何ナル空家ト雖モ占有シ得ルコト。[*28]

同年四月に入ってからも、兵資調査会は、「我海軍ニ於テ使用スル原料及材料中我国ニ生産セザルモノ並ニ生産不充分ナルモノノ調査」[*29]を作成し、一般民間工場・会社における軍需品の清算管理・統制への要求を次のような内容で明らかにしていた。

本調査ハ専ラ著名ナル工業会社ニ就キ其現状ヲ視察シ、一面各種ノ書類ヲ参照シテ記上スルコトニ努メタルモ、調査ノ範囲広範ニシテ未タ視察ノ行届カザルモノ頗ル多キヲ以テ、正鵠ヲ失スルモノナキヲ保セス。加之ナラス本部生産力ノ査定ハ企業界ノ常態トシテ各会社多クハ、其己レノ工業力ヲ発表スルヲ欲セザルヲ以テ、容易ニ其真相ヲ穿(うが)ツコトヲ得ザレハ遺憾トスル処ナリ。

これは明らかに先の国防法の条項を参考としたものであり、民間工業・工場の生産管理・統制によってはじめて軍需工業動員体制が可能だとする海軍の判断を示したものであった。こうした海軍の判断は、軍需工業動員法制定後も繰り返し強調された。その真意が民間産業の軍事的動員にあったことは言うまでもない。例えば、一九一八年二月九日から一六日にかけ、海軍技術本部長伊藤乙次郎の主宰下に開催された大正七年度工廠長会議の席上における艦政局長中野直枝の次の発言が参考になろう。

戦時ニ於ケル軍ノ要求ヲ充サンカ為、平時ヨリ民間軍需産業ノ発達ヲ図リ、機ニ臨ミ、其ノ潜勢力ヲ活用シテ軍ノ工作力ヲ補足シ、以テ軍需品ノ自給自足ヲ得ンコトハ国家経済上最モ緊要ナル一事ナリ[*30]

海軍はイギリス型の軍需工業動員体制を模範としつつ、内閣に軍需工業動員の統制・管理の権限を集中させていたイギリスの権限所在と異なり、あくまで陸・海軍の主導性を堅持する方針であった。しかし、この場合官民工場・企業間の連携体制が不充分なこと、民間軍需生産能力の低位性、といった課題の存在は、海軍にしてもいかなる軍需工業統轄機関を設定すべきか苦慮させることになった。

政府・財界関係者の構想

寺内正毅内閣の有力な経済ブレーンであった西原亀三は、一九一七（大正六）年三月に『戦時経済動員計画私議』[*31]を作成し、寺内首相に提出した。そこでは、第一次世界大戦における勝敗が「経済的施設ノ優劣」によって決定された、とする総力戦の認識を示し、これへの対応の必要性を次のように説いていた。

軍需品供給ニ遺憾ナキヲ期セムカ為ニハ、各般ノ産業ハ国家自ラ之ヲ管理統制シ或ハ保護監督シ、而シテ財政ノ運用ニ就テハ租税及上公債ニ依リ、多額ノ資金ヲ民間ヨリ吸収シテ、更ニ民間ニ散布スルヲ常トスルヲ以テ資金収散ノ調和ニ周到ノ工夫ヲ費スノミナラス、戦争ニ基ク経済上ノ変動ヲ調理シ、国民生活ヲ安全ニセムカ為メ、各般ノ施設到ラサル無ク、以テ戦勝ノ栄冠ヲ載カムトニ勗（つと）メツツアリ。[*32]

つまり、参戦諸国が軍需品供給の徹底確保のため、国家の管理・統制による経済統制の導入を行ない、その上で民間資本の充実、投資による民間産業育成の処置が採られたとしている。

これを参考として日本の場合も来たるべき有事の際には、「後方勤務タル農工商交通ノ各業ヲシテ組織的ニ活動セシムルノ施設ヲ完成シ、彼レ列強ト相識ラサル経済的動員計画ヲ定ムルカ如キハ蓋（けだ）シ喫緊ノ要件ナリ」[*33]として国家総動員体制の整備を説き、その中心を経済工業動員に置く見解を示した。その際、具体的な経済工業動員計画として次の内容を挙げていた。それは陸・海軍の構想と異なり、当該期日本の経済環境や工業能力水準を充分に踏えた、より合理的なものであった。

戦時ニ於テ此ノ任務ヲ完全ニ遂行シ、以テ我カ乱雑ナル経済組織ヲ樹立セント欲セハ、宜シク内外ノ現状ヲ稽査シ、我カ実状ニ適応セシム可キ最善ノ経済的国是ヲ定メ、百難ヲ排シメ、軍需大臣ノ権力ハ殊ニ強大ナラシメ、機ニ臨ミ変ニ応シ其之カ状行ヲ図リ、克ク其目的ヲ貫徹セサル可カラス。而シテ其ノ実行機関トシテ軍需省ヲ設置シテ、中央地方一貫セシムルノ途ヲ講シ、首尾相応シテ克ク其任ヲ遂行セシムルニアリトス。[*34]

ここで注目すべきは経済工業動員統轄機関としての軍需省設置である。これは海軍の兵資調査会の軍需省設置構想とほぼ同一の着想から出たものであった。ただ、西原のそれは明らかに政府・財界主導による経済機関としての位置づけが徹底していたことが特色であろう。

西原は軍需省の具体的な構成内容について、それは購売局・配給局・統制局・労働局・企画局の五局から成るとした。購買局は兵器、糧食等軍需品一切と軍需品製造用原料の購入を担当し、全軍需品は配給局に移行するものとした。配給局から輸入品の種類によって軍隊または軍需品製造工場に配給する。統制局は監督工場や鉱山が有効な経営方法を採用するよう指導し、企業者の利潤および労働者の賃金を統制する。労働局は経済変動や軍隊への徴収によって生じる労働力の過不足を調節する。企画局は軍需品の購買配給の敏活化と調整を図り、あるいは陸・海軍や自治体等の工廠、企業に要する物動力の種類、数量を調査し、同時に他局との調和を図り、全局の機能を把握するものとした。

このように西原構想によれば、各局の役割分担が明文化されてはいたが、問題はこれを統制する軍需省長官、軍需大臣の権限である。その点について西原は、「軍需省ノ組織権限ニ就テハ開戦ト同時ニ緊急命令ヲ以テ定メ、軍需大臣ノ権力ハ殊ニ強大ナラシメ、機ニ臨ミ変ニ応シ其ノ権限ノ行使ニ支障ナキヲ期スヘシ[35]」と述べている。

軍需大臣の権限の絶対化は、イギリスの軍需大臣が保有した権限内容を模範としたものであると考えられる。そこで意図されたことは、内閣統制下における合理的な経済・工業動員体制構築を、あくまで内閣主導で進めることであった。

西原が構想した経済工業動員体制は、陸・海軍のそれが直接戦時を想定しての平時準備であったのに対して、むしろ大戦後経済界に浸透しつつあった経済立国主義、あるいは重化学工業化促進の契機とする位置づけが強かった。すなわち、西原は、『経済立国主義[36]』のなかで、大戦後の経済運営においては、国民の「共同共存ノ必要ト共同ノ利益ノ自覚トニ基キ、国民各カ国家ノ一員トシテ同一起動ノ上ニ経済上ノ進歩発展ヲ基スルニ在リ。勿論何レノ国タリトモ、現在ニアリテハ経済立国主義ノ体セルモノナカラム[37]」と述べていたのである。

国民が国家経済の一単位とし、国民間の経済格差を解消、平準化することが経済的共存主義の思想であった。国民の生活経済活動が国家経済に直結することこそ、国家経済発展の原動力と位置付けたわけである。さらに西原は、この考えの根底にある経済的立国主義を、次のように説明している。

単ニ商業道徳ノ改善ト云フガ如キ、局部的施設ヲ以テ万〔満〕(ママ)足サレ得ヘキモノニ在ラス。勿論此ノ主義ノ徹底シタル暁ニ於テハ、商業道徳ノ如キハ直ニ改善セラルヘシト雖、吾人ハ時弊ニ鑑ミ帝国将来ノ使命ニ考ヘ、立国ノ大体ヲ此主義ノ上ニ置カムトスルモノナリ。*38

根底に経済立国主義

西原の経済立国主義は、このように理念的精神主義段階にあったが、農業・商業・工業・政治・外交・宗教・教育・軍事・交通など国家を構成する諸領域にわたる統一的かつ総合的把握を国家が積極的に実行し、その中心にあくまで経済を置くというものであった。それは、日本経済が抱えていた当面の課題である経済工業水準の低位性克服につながるものでもあった。*39

西原の説く経済立国主義は、戦後における重化学工業発展を志向する財界の声を代弁したものであり、その限りで陸・海軍の見解と矛盾するものではなかった。特に軍需工業動員体制構築を経済発展の一大契機とする点で一致点を見出してはいたが、問題は、その目標達成の方法と主導権を何処に置くかであった。*40

このことと関連して、戦後経営の方法をめぐり、軍需工業動員との関係で論ずる見解が、大戦中から目立って多くなっていた。例えば、経済雑誌『財政経済時報』発行者であった本多精一は、戦後経営につき大戦後準備すべき事項として次の四項目をあげていた。

（一）戦時に於ける軍器軍需品の製造を如何にすべき
（二）之に要する熟練職工の養成を如何にすべき
（三）戦時孤立の場合に於て原料の取得を如何にすべき
（四）平時に於て軍器軍需品の製造原料を自給する方法如何[*41]

戦時軍需品製造、熟練職工養成、原料取得、軍器軍需品製造、原料自給の課題克服こそ戦後経営とする本多の見解は、明らかに総力戦段階への対応を念頭に置いたものであった。しかし、問題はこの平時における総力戦準備の経済的効果についてであった。本多はこれに関し、経済的効果の可能性を説き、軍部と財界との協力の必要性を、「第一は有事の際最も迅速に又是も有効に工業動員を行ひ得べきこと、第二は平時に於ける軍器軍需品の製造が一般工業界を利し、国防費の一部を以て工業資本の用を為さしむることである。[*42]」と論じていた。

要するに、民間産業が軍需産業に積極的に進出することで、経済・工業の活性化を図ること、そのためには軍産協同路線の定着が不可欠とする判断を示したのである。[*43]また、民間工業の発展充実こそ、軍需工業動員体制の前提条件とする見解が、当該期の経済雑誌に多く見られる。例えば、達堂の筆名で掲載された「軍需工業の将来」と題する評論は、「軍需工業動員に就ても民間工業が平時に於て進歩し居らざれば、戦時に於て幾多の用も為すべき[*44]」とし、「民間工業を奨励するにあらざれば動員は単に取締に過ぎずして何等の実行を奏するには至らぬのである[*45]」と述べて、民間工業育成のためには、何よりも国家による保護奨励策の徹底が必要であるとした。さらに、保護奨励策の問題について、軍需工業動員法制定との関連で、次のような見解をも示していた。

軍需工業動員法の規定に依れば、政府は必要に応じて工場、事業場及び附属設備の全部又は一部を管理し、使用又は収用することを得るのであるから、政府の機能は頗る広汎且つ多大である。随ふて政府官吏にして民間工業を奨励し保護する精神なくして其の権能を濫用することあれば、其の弊害は固より多大にして、而かも動員の目的を達せざるに至るのである。[*46]

つまり、政府による民間工業への積極的な保護奨励の必要性を説き、それこそが軍需工業動員の前提条件であるとした。そして、結論として、「工業動員は我工業家に取りて一種の利益を与ふる者である」[*47]とする認識を明らかにしていた。

軍需工業動員が「一種の利益」とする見解は、財界人にとって、重化学工業化促進を軍需工業へのより一層の接近によって果たしたいとする考えの表れでもあった。それは日本経済構造の中に軍需工業を確実に含みこむことで、軍産協同の体制を創り上げようとするものであった。こうした発想の背景には、財界人のなかに大戦を契機にして、軍部が「大に民間の軍需工業は是に依りて一層の重きを為すに至った」[*48]とする判断があったからに他ならない。

いずれにせよ、軍需工業動員をめぐって、軍・財の双方がそれぞれの思惑を抱きながらも、相互補完的あるいは相互協力的関係に入らざれ得ない状況にあったのである。[*49]それは当該期の日本重化学工業が抱えた課題、すなわち、資本蓄積および工業技術水準の低位性を克服するために、取り敢えず軍需拡大の方向が、特に重化学工業関係の財界人に一定程度支持されていたのである。

特に、この時期には陸・海軍費が国家歳出の四分一前後を占めており、軍事費の負担は頗る大であった。それで政府官吏にして民間工業を奨励し対的膨張傾向が一層軍需拡大に拍車をかけていた。このことも、軍・財協調路線の固定化の背景となっていたと言える。[*50]

こうして軍・財双方の軍需工業動員構想は、基本的に調整可能な内容と経済状況のなかで、益々その連動関係を明確にしていく。つまり、民間工業への積極的な保護奨励の必要が論じられていったのである。そこで次に連動関係の実態を見ていくために、軍需工業動員構想上で調整あるいは妥協が必要とされた主要な課題について検討しておきたい。

2 軍需工業動員構想をめぐる軍・財間の対立と妥協

自給自足論をめぐって

大戦勃発による工業原料の輸入減少あるいは途絶は、軍部や財界に大きな衝撃を与え、これへの対応策を迫ることになった。[*51] その一つが、一九一六年（大正五年）四月に設置された経済調査会における仲小路廉農商務相（寺内正毅内閣）の「国家ノ独立自給」体制の早急準備を説いた次の発言であろう。

国家ノ独立自給ニ必要ナル主要生産及海外貿易ニ必要ナル組織ノ完成ヲ遂ケ、以テ将来ニ必要ナル各種ノ画策ヲ定メ、特ニ国家百年ノ大計ヲ樹立スルコトハ、実ニ今日ノ急務ナリト思考セシ。[*52]

仲小路の「国家ノ独立自給」論に類似した、自給自足論をめぐって、大戦期間中から様々な見解が見られることになる。それは軍需工業動員体制構築上、極めて重要な問題であった。何故なら、軍需工業動員体制を基盤とする総力戦体制は、基本的に自給自足経済の確立を前提とした軍事・政治体制であるからである。以下、軍・財関係者の発言を追ってみよう。

先ず、陸軍省兵器局課員・砲兵少佐鈴村吉一は、総力戦段階に適合する軍需工業動員体制構築の目標が軍需品の自給自足確保にあるとして、次のように述べた。

工業動員ノ計画ニ併セ生起スヘキ問題ハ、軍需品自給独立ノ件是ナリトス。軍需品自給独立ハ既ニ説明シタル各種ノ素質ヲ意味スルカ故ニ、結局一方ニハ工業動員ヲ計画シ、地方ニハ軍需品補給ヲ主題トスル国家工業政策ヲ樹立セサルヘカラサルコトニ帰着ス[*53]

戦時における軍需品の自給自足は純軍事的要請からいっても不可欠な戦勝要素であり、軍需工業動員が戦時を想定して企画されるものである限り、自給自足体制確立もそこから案出された一つの結論であった。[*54]

海軍においても同様の見解が目立つ。たとえば、海軍主計中監・海軍中将佐伯敬一郎は、大戦の教訓から自給自足体制の整備がいかに機能したかについて、ドイツを例に取りあげて説明していた。なかでも、「自給自足経済と云ひ、農工業の独立と云ひ、若くば工業動員と云ふ何れも従前国民の一瞥を価せざりし経済主義なり」[*55]と述べ、自給自足の対象を単に軍需品に限定せず、広く生活関連物資までも含むものでなければならないとしたのである。

しかし、海軍内におけるこのような自給自足の対象品目の広範性を説く見解は少数派であり、むしろ次のような見解が代表的なものであった。すなわち、一九一七（大正六）年七月三一日、海軍省内で開催された経理部長等会議の際、海軍経理局長志佐勝は、海軍大臣加藤友三郎宛に次のような通牒を送付していた。

> 軍需品ノ独立自給ハ現戦役ノ実験ニ鑑ミ、其必要ヲ感スルコト最モ切ナリ。近時民間工業ノ発達ニ伴ヒ、従来外国ヨリ供給ヲ仰キタル物資ニシテ、内地ニテ生産セラルレヽニ至リシモノ尠カラサル如キハ、国家ノ為メ真ニ慶賀ニ堪ヘサル処ナリ。軍需品ノ調弁ニ対シテハ、常ニ此ノ意ヲ体シ、国内自給ノ目的ヲ貫徹スルニ遺憾ナカランコトヲ望ム。[*56]

ここでは「国内自給」の具体的方法に言及していないが、軍需品の国内自給率が高ければ高いほど軍事的合理性に合致したものである、といった判断が示される。しかし、これを経済合理性・効率の点から見た場合、財界人から次のような慎重論が出てくるのも当然であった。例えば、善生永助は次のように述べているのである。

勿論自給自足主義は経済上の安全第一であるが、個人に全智全能を求め得ざる如く、国家に在りても如何なる種類のものとして述べられたものであったが、特に鉄、羊毛、タール工業生産品をも自給することは難く、従って平時に於て極端に、其実行を企画するのは、国家保護の趣旨には合致するが、消費者の不利益を来さしむるあると共に、資本及び労力の損失を伴ふことがあるから、余程手加減をせねばならぬのである。[*57]

すなわち、完全な自給自足の経済体制は、経済合理性に合致する範囲での推進であれば有効であるとする慎重な見解を示しながら、後段では大戦後各国で採用されつつあったより柔軟な自給自足主義を骨子とする経済政策の導入の必要性を説いたのである。

そして、日本の極端な原料不足、工業生産能力や資本蓄積の低位性など、日本資本主義が内包する構造的矛盾を列挙しつつ、「工業の独立と共に自給自足は須らく経済上の標語として国民の一日も忘る可らざるものに属する」[*58]とし、それら矛盾の克服と戦後の経済運営のために、自給自足経済を志向する国民意識の形成にも配慮すべきだとの見解を示した。

これに対し農商務大臣仲小路廉などは、特に工業用基礎的原料の自給自足に力点を置きつつ、自らの自給自足論を次のように展開している。

熟つら現時の情態を見るに、理論の上に於ては兎も角実際の必要より今日の場合に於ては国家国民の存立上必要なる物質は、自給自足の途を溝ぜざる可らざる固より、総ての物資悉く之を自給に待つと云ふが如きは到底行はるべきことには非ざるも、国防及び百般工業の基礎的材料は必ず自給の方策を樹立せざる可からざる。*59

中小路の見解は、産業調査会設置（一九二〇年二月）理由として述べられたものであったが、特に鉄、羊毛、タール工業、アルカリ工業等の戦略物資及び軍需品生産関係の品目を「基礎的材料」と位置づけ、これを取り敢えずは自給自足の対象品目としたのである。しかし、以上の自給自足論に対し、慶応大学経済学部長堀江帰一などは、当該期活発化していた中国への資本輸出・投下の推進という対中国政策との関連で次の警戒論を述べていた。

我国にして対支経営に重きを置く以上は、自給主義の如きは之を一擲し、日支両国若しくは日本と支那の一部とを挙げて、一つの経済単位とし、其間に於ける経済上の関係の共通を謀らざる可らざるの道理なるに、自給主義の如きに齷齪するに至っては、論者の眼孔甚だ小なりと可く。*60

さらに、堀江は自給自足論者が輸出貿易を奨励し、輸入を抑するとする主張は矛盾であり、平時における総貿易量の増大に対し、国民経済の発展には肝要だとした。そして平和経済に軍国主義の要素を入れることを不可とし、平和主義を基調とする国民経済の発展が国防強化に通ずるとする判断を示していた。これは極めて経済合理性を踏まえた議論であった。

しかし、堀江の基本的課題は、中国との経済ブロックの形は自給自足による中国資源確保であり、その意味では広義の自給自足圏の形成であった。[*61] いずれにせよ、これら自給自足経済主義には平・戦両時における工業の独立、すなわち、軍需品および一般・民間需給品の外国依存を極力押えることが意図されていたのである。

また、貴族院議員斯波忠三郎（後東大教授、日満マグネシウム・満州化学社長）は、「工業の独立は国家の独立を意味する。工業の独立無くして国家の独立は有り得ない。而して吾日本国が此意味で工業の独立をなすためには、現在の制度組織に非常な欠点を認むるにより之を打破せねばならず[*62]」と述べ、「制度組織」の「非常な欠点」を是正するために、製鉄業の国家的保護、原料確保・供給、工場経営法の改良研究、工業教育の推進を図り、これを強力な国家の直接指導下に実行すべきだとした。

つまり、斯波は自給自足経済を現実化するために国家の強力な支援が不可欠であり、したがって、自給自足経済は経済への国家介入を不可避としたのである。それが結局は工業の独立に通ずとした訳で、諸外国との貿易関係が制限、あるいは停止したとしても活動可能な工業独立は、国家の支援、具体的には保護省令法などの実施を待って、はじめて成立するものとしたのである。

その上軍部の自給自足論にしても、財界関係者のそれにしても、いずれも国家経済の再編という課題と直接関係するものであり、国家経済との連動という点では軍・財は共同歩調を採り得るはずであった。同時に自給自足経済の確立のためには、その物的基盤となる工業用原料の自給をも前提としていたことから、その原料獲得方法をめぐっても一致点を見出す可能性があった。それは具体的に中国資源への着目において明らかであった。

中国資源への着目

自給自足主義を現実に移すためには、工業用原料や動力源が必要であり、ここから大陸資源の確保という課題が登場してくる。すなわち、鈴木隆史が指摘したように、総力戦体制の構築にとっても、「戦争遂行を支える軍需資源確保を絶対的な要件とする」[*63]のであり、その資源確保対象地域が中国大陸であった。そして大戦後から急速に高まる中国へのアプローチが西原借款であり、対支二十一カ条の要求であった。

ここから同じく鈴木は、次のように重要な指摘を行っている。すなわち、「総力戦準備の進行に対応して、日本帝国主義の中国大陸に対する植民地侵略の衝動を、たえず促迫する基本的要因の一つがあったことを看過することができない」[*64]と。当該期日本の総力戦体制構築への志向が、日本国内資源の絶対量不足のために中国への経済的軍事的侵略を不可避とさせ、それとほぼ併行して国内におけるファッショ化促進の要因となったとした。そこで次に支配層の中国資源確保論を追ってみたい。

日露戦争以後、中国大陸への領土的野心を一貫して保持していた陸軍は、対ロシア再戦準備の観点から中国、なかでも満蒙地域（中国東北部）の軍事拠点化への工作に最大の関心を払っていた。それで、満蒙地域への関心が領土的・軍事的なものから資源的確保の対象地域へと移行したのは、大戦を境として一層明らかであった。特にロシア革命（一九一七年）による帝政ロシアの崩壊は、一層そのことを決定づける要因となった。

陸軍のなかでも参謀本部が中国資源獲得に積極的であり、陸軍省は中国の資源調査を中国各地に配置した諜報機関に依託すれば足りると判断していた。[*65] これに対して参謀次長明石元治郎は、陸軍大臣大島健一宛通牒のなかで、一九一〇（明治四三）年以降継続中の中国資源調査は、調査費の続く限り継続するよう進言していた。[*66] この時期、参謀本部の中国資源確保論は、次のようなものであった。

> 満州及内蒙古ノ調査ニ関シテハ、関東都督府之カ調査ヲ進捗シツツアリ。然モ該方面作戦ノ場合ニ於テモ豊富ナル支那ノ物資ヲ利用セサルヘカラサルコトヲ予期セサルヘカラサルノミナラス、殊ニ山東半島ヲ領有シタル今日、対支那作戦上北部支那中部支那ハ勿論、南部支那ノ物資ヲ直接利用セサルヘカラサル場合多カルヘシ。其他南洋方面ノ作戦ニ於テハ、是又支那本部ノ物資ヲ利用スルヲ有利トスル場合アルヘシ。[*67]

要するに、参謀本部にとって中国資源は、作戦遂行上必要不可欠な戦略資源であって、その獲得対象地域は中国全土にわたる広範囲なものであったのである。こうした純軍事的要請が軍部にとって、第一義的になるのは当然であったが、次の宇垣一成（当時陸軍省軍事課長）の発言は、参謀本部と比較してやや露骨さを押えているものの、中国資源獲得の正当性を理由づけようとしたものであった。

帝国ノ支那ニ対スル企画ハ所謂国家存亡問題ニ切実ニ接触シアルモノトス、即チ平時ニ於テハ（中略）原料ノ供給等ハ地理上主トシテ之ヲ支那ニ求得テ始メテ世界ノ競争場裡ニ立ツニハモ克ク帝国生存ヲ全フシ得ルナルヘシ、将又有事ノ日ニ方リテハ支那ヲ以テ（中略）帝国カ一朝欧米強国ノ封鎖ヲ蒙ルカ如キ場合ニ在リテハ国民生活ノ需品、軍需原料等ノ不足ハ多ク之ヲ支那ノ供給ニ得テ克ク我国防ヲ完フシ、帝国ノ存立ヲ保チ得ルニ至ルモノトス。*68

つまり、中国資源の利用目的が平・戦両時にわたって説かれ、その安定確保が日本「存立」の基盤と位置づけたのである。それによって中国資源確保の絶対性と正当性が、国民生活レベルの安定化に通ずるものと説いた。後の中国侵略の正当性を説く論理が早くもここに見出されるのである。

こうした発言をも踏えつつ、陸軍内では公式に中国資源調査研究機関が発足していた。その代表的なものが参謀本部第二部（情報担当）第五課（支那課）に所属する兵要地誌班であった。一九一五（大正四年）年九月、兵要地誌班長に就任した陸軍少佐小磯国昭は、兵要地誌班の業務内容を単に地理的地学的調査に留まらず、原料・資源調査にまで拡大し、戦時における不足資源の供給地として、中国・蒙古地方の資源把握に乗り出した。

小磯が兵要地誌班に配属された当時にあって、陸軍には平・戦両時を通しての国防資源の獲得と、それの日本国内への輸送および戦地への軍需品輸送を統一的に管掌する機関が存在しなかった。それで、小磯の課題は、中国・蒙古資源の把握と、それの国内搬入手段の検討にあった。[*69] 小磯は同年八月から九月にかけて、先ず蒙古地方での資源調査旅行を実施し、その成果を『東部内蒙古調査報告経済資料』と題する報告書にまとめた。

小磯は蒙古地方への調査旅行の意味を、「対露支作戦上、必要とする東部内蒙古の兵要地誌資源を調査すると同時に、平時施策を如何に進めて置くのが適当とするか調査しようというのが目的であった」[*70]としている。ここで言う「平時施策」とは、平時における工業動員に不可欠な国内不足資源の安定供給体制の確立を目指したものであった。

次いで兵要地誌班は、中国を将来における戦争準備体制、換言すれば国内における国家総動員体制実現を図るための資源獲得地として位置づけるに至った。そして、中国で得られる資源を国防資源の中核とすべきことなどを説いた『帝国国防資源』(別名『小磯国昭少佐私案』)を、一九一七(大正六)年八月に作成した。[*71]

小磯と西原等の総力戦認識

このうち総論と結論を執筆担当した小磯は、大戦での戦争形態の変化に着目して、今後の戦争の勝敗は、「宛然(えんぜん)経済戦ノ結果ニ依リテ決セラレントスルノ観アラシム」[*72]傾向が一段と強まり、経済動員の優劣が戦局を左右するとした。さらに、「長期戦争最終ノ勝利ハ鉄火ノ決裁ヲ敢行シ能(あた)ハサル限リ、戦時自給経済ヲ経営シ得ル者ノ掌裡ニ帰スルコト瞭（あきらか）ナリ」[73]とし、長期戦を不可避とする場合、戦時自給経済の確立こそが勝利の最大要因とした。そのためにも平時より戦時経済準備と、その基盤となるべき資源確保の方策を早急に立案しておくよう強調した。小磯はその資源供給地として、「支那ノ供給力ニ負フ所将来益々多カラントス」[74]と述べて中国資源への関心を明らかにしていた。

従って、今後日本の対中国政策は、中国における日本の経済的軍事的支配を強化し、資源獲得の目標達成に置くべきだとの判断を示していたのである。この他、一九一六（大正五）年から一九一七（大正六）年にかけて、中国の土地・資源調査報告書が次々に作成され、それは支那駐屯軍司令部の責任によって実施された。[75]

陸軍省内における中国資源への着目は、陸軍省兵器局において見出すことができる。大戦に出現した新たな兵器体系や兵器自体の大量生産・大量消費の実態研究を行なっていた兵器局は、兵器の国内開発・国内自給のためには国内軍需工業の発展が不可欠として、その物的基盤である原料の供給地として中国への関心を強く持っていたのである。その一例として、兵器局工政課長吉田豊彦は、国内における不足資源の解決策として次のように記していた。

> 支那ニ於テハ鉄、亜鉛、鉛、銻（てい）〔アンチモン〕、錫、水銀、石炭、硝石等ノ鉱物ニ富ミ、羊毛、毛皮、皮革等ノ蓄産品又豊カニシテ、実ニ世界ノ宝庫ト称セラレ、帝国ハ此資源ヲ利用シテ平時工業ノ発展ヲ期シ得ヘク、又生産品ヲ彼ニ供給シテ支那ノ開発ヲ援助シ得ヘシ。[76]

中国を工業動員に不可欠な資源供給地とする議論は、吉田をはじめこの時期多く見られるようになった。そこでの特徴は、大戦で明らかになった総力戦における予想を上回った軍需品の大量消費に対する国内軍需工業動員体制確立を強調した点にあった。その確立要件とされたのが原料資源の長期的安定的確保であり、その対象地域とされたのが中国であったのである。[*77]

力点の置き方こそ違え、参謀本部兵要地誌班、陸軍省兵器局関係の軍事官僚の発言は、要するに総力戦体制準備の基本的要件として資源確保に強い関心を抱いていたのであった。そして、この資源確保の問題は、大戦の教訓と大戦直後における国内の急激な重化学工業の発展という面からも単に軍事的配慮に留まらず、財界の問題でもあった。そこから資源確保は、極めて軍事的かつ経済的課題となったのである。

次に財界、官界、学界関係者の中国資源論を見ておこう。先ず、東京帝国大学法学部教授吉野作造は、ジャーナリズムによって最も活発に中国問題を論じた一人であった。吉野は、「日支経済単位論」のなかで、「自給自足等は愈々平常準備す可き国家政策の重要事なり、（中略）若し支那を包括みて立つれば、我が経済の独立は、決して不可能ならざるなり」[*78]と述べ、中国との経済ブロック形成によって自給自足経済主義の条件が成立するとした。したがって、大戦後の対中国政策は、この条件成立を最大の外交課題とすべきことを提言した。

吉野が提言した日中経済提携論は、西原亀三の次のような書翰においても見られる。

貴国ノ興廃ハ実ニ帝国ノ興廃ニ至大ナル関係ヲ有ス。貴国カ宜シク其態度ヲ脱シ、世界ノ大勢ニ稽考シ、自ラ進テ国運ノ挽回ヲ図リ、東洋ニ国スル帝国ト哀心携戮力シテ以テ東洋ノ平和ヲ維持シ、殊ニ其提携ハ四億国民ト七千万国民トノ共存其益ヲ実ニスルニ存シ、貴国ノ富源ヲ開発シテ有無相過ノ理法ヲ実在ニシ四億国民ノ幸福ト七千万国民ノ幸福ヲ一ナラシメ、永遠ニ合ルナキヲ求ムル。是レ日支親善ノ要諦ナリ。[*79]

西原はこの他に、「時局ニ応スル対支経済的施設ノ要綱」（大正五年七月）、「東洋永遠の平和政策」（大正六年一一月）、「対支政策ノ要締」（大正七年一月）、「時言」（大正七年二月）等の意見書を作成しているが、これらに共通するのは、「日中経済同盟」、「東亜経済圏形成」の構想であった。[*80]
西原の説く、「我国ニシテ彌々干支ヲ秉ツテ起タムト欲セバ、必ス支那ヲ我国ト経済上同一国内ニ置クニアラスンハ、持久的経済動員ハ殆ト不可能ナルヲ以テナリ」[*81]とした日中経済一体化による日中提携論の内実は、中国経済の日本への従属化を目指したものであった。それは寺内内閣の対中国政策の象徴である西原借款の内容を見れば明らかであった。それゆえ、方法こそ違え、中国資源確保の点で軍・財間において一致点を見出すことは可能であったのである。[*82]
そうしたなかにあって、財界人のなかには、威圧的な手段による中国資源の確保論により慎重な態度で臨むべきだとする見解も存在した。たとえば、東京商業会議所会頭藤山雷太（大日本精糖株式会社社長）は、一九一八（大正七年）三月に開かれた当会議所の会合の席上で次のような演説を行なっていた。

謂フ迄モナク我対外関係ニ於キマシテ実業上ノ最モ大切ナル国ハ、亜米利加自身ニ於テハ勿論ノコト、支那ニ於キマシテモ我ガ仕事ヲ致シマスルノニハ、ドウシテモ此亜米利加ノ人々ノ十分ナル了解ヲ得ナケレバ、支那ニ於テ仕事ハ出来ナイト考ヘテ居リマス。*83

これは典型的な対英米協調派の認識を示したものであり、資本蓄積に乏しく、金融的にも英米に依存せざる得ない日本資本主義の実情を指摘したものであった。実際のところ、西原借款に象徴される中国への軍事力を背景にした経済介入政策は、中国への資本輸出力の面で優位にあった英米を刺激せずにはおかなかった。

しかしながら、寺内内閣期における対中国政策は、軍事的にも金融的にも中国資源の収奪体制を確立することが軍・財一致して構想され、政策化されようとしたのである。そのことは重化学工業化を戦後経営の中心課題に設定する以上、原料資源の大量確保こそが、その目標達成の鍵となることを意味した。

それは西原の説く「日中経済同盟」、「東亜経済圏成」なるスローガンをもとに政策化されていった。それによって日中経済ブロックを形成し、総力戦段階に適合する自給自足圏の構築を果そうとしたのであった。それはまた軍・財双方にとって、最終的な一致を見出し得る政策目標でもあったのである。

3　官民合同問題

軍需と民需の連携

軍需工業動員体制整備に不可欠な作業として軍需品生産部門の底辺拡大があった。大戦期まで軍需工業は陸・海軍工廠を主軸とする官営工場を生産基盤としており、民間工場・企業への生産委託は極めて少量であった。その理由には、軍需産業の民間産業・技術の低位水準、兵器製造技術移転の困難性などが考えられる。

しかし、大戦の教訓は、より高度な兵器・弾薬生産技術の国家的規模での発展と、それらの大量生産・大量備蓄の緊要性を迫ることになった。総力戦段階の軍需産業の質的レベル向上の要求は、民間工場・企業との軍産協同体制＝官民合同を不可避としつつあったのである。陸軍は官民合同による総力戦体制の重要性を大戦参加諸国の軍需工業動員の実態調査・研究から充分認識していた。

すなわち、一九一七（大正六）年三月二六日、吉田豊彦大佐は、内閣経済調査課産業第二号提案特別委員会の席上、「軍事上ノ見地ヨリ器械工業ニ対スル希望ニ就テ」と題する講演のなかで次のように述べていたのである。

我国ノ工業ノ現状ヲ観察スルニ及ビマシテ、我軍事工業ト民間工業トガ如何ナル連繫ヲ確保シタナラバ、克ク国防ト産業トノ調和点、語ヲ換ヘテ言ヒマスレバ、此軍事工業ト民間工業トノ相関点ヲ発見スルコトガ出来ルカ、又軍事上ノ要求ニ如何ニスレバ順応スルコトガ出来ルカト云フコトニ就キマシテハ、官民共ニ全力ヲ傾注シテ周密ナル研究ヲ遂ゲルコトガ最モ必要ナリト信スルノデアリマス。[*84]

吉田が「軍事工業ト民間工業トノ相関点」を求めたのは、要するに兵器の大量生産・大量備畜を強要するという認識があったからに他ならない。吉田はこの一年後に、「兵器の製造の困難にして且つ平時と戦時との需要率と云ふものが、平時に於ては想像し得られぬ程夥しきものであるが故に、此に於ては兵器民営化促進を聞くに至ったのである」[*85]と記している。兵器民営化促進が総力戦段階への対応策であり、日本工業生産能力水準の向上には、平時から民間工場と官営工場との連絡、技術協力、共同開発・研究が必要であることを説いたものであった。

吉田と同じく陸軍省兵器局にあった陸軍砲兵少佐鈴村吉一も、同様の見解に立ちつつ、次のように記していた。

工業動員ノ第一要義ハ民間工場ト政府トノ関係ヲ律スルコト即チ是ナリ。只製造品ヲ注文スヘキヤ、或ハ之ヲ管理若シクハ徴発シテ製造命令ヲ下スヘキヤハ問題ナルモ、要スルニ戦争ノ要求ニ基ツク軍需品ヲ最モ迅速ニ且精良ナル品ヲ補給スルノ処置ニ到達スルヲ本旨トスルカ故ニ、此ノ方針ニ一致スルハ可ナリトス。[*86]

つまり、広範な軍需工業動員実施には民間工場の軍需生産能力向上が必要だとしたのである。その際には民間工場への政府権限による生産管理・統制・徴発の体制の確立を諸前提とした。これは軍需工業動員法にそのまま生かされることになるものであった。実際、同法制定後においても、同法の主要な課題が官民合同の実現を目標とする法律面での整備にあったことを明らかにした見解が目立つのである。たとえば、総力戦段階について、陸軍砲兵中佐近藤兵三郎は次のように述べていた。

兵器ノ一部ヲ平時ヨリ民営ニ附スルカ如キハ最モ緊要時ナルカ、之カ為メ第一ニ起ルヘキ問題ハ、之カ経営、指導ニ任スル恰好ノ人物ヲ民間ニ得ルコト至難ナル一事ナリ。之カ為ニハ我陸海軍ヨリ兵器製造ニ関スル智識並経験ヲ有スル主脳者ヲ提供シ、製造及設備上ノ方式並経理上ニ関スル指導、誘掖(ゆうえき)ヲ為サシムルニ於テハ作業経営上不安ナキヲ得ヘク、同時ニ又平時ヨリ軍需工業動員ノ要求ニ合致セル事実的管理工ノ現実ヲ見ルヲ得ヘケン。[*87]

近藤は兵器民営化を実行する際、懸案とされた民間工場の兵器生産技術低位性の克服のため、陸・海軍から技術者を出向させる処置を提唱した。ここには軍需工業動員実施には、軍・財双方の技術協力が不可欠とする考えが明らかにされていたのである。

一方、海軍でも官民合同、あるいは兵器民営化には強い関心を持っていた。たとえば、海軍機関中将武田秀雄は、「官民相互に胸襟を開き相椅り相信じて、倶(とも)に国防の大義に努めざる限り、動員法例如何に完備するも、其の大目的たる妙境に達するものにあらず[*88]」と述べ、官民協力体制づくりを強調していた。

また、寺内内閣期の海軍軍務局長井出謙治は、雑誌『時事評論』の記者とのインタビューのなかで、「日本の今後にては、政府で軍備の充実を図ると共に民間でも此れに協力して貰ひ度きは、云ふまでもないことである」[*89]と答えている。井出は同時に民間企業が軍需生産に乗り出すには資本および技術について相当の困難を伴うものであり、政府の補助金供与が肝要であるとしていた。

兵器の高度化・精密化の点で陸軍以上に官民合同・兵器民営化の作業に多くの課題を持っていた海軍にとって、民間における軍需生産能力・技術の向上は、一層重要な課題となっていたのである。

これに対し財界側から兵器民営化あるいは官民合同による軍需工業動員促進への要求も、大戦後から起こっていた。一九一五（大正四）年二月二二日、大阪工業会の臨時総会では、兵器民営化促進の要求が検討議題となっていた。同会は、同年五月二〇日、兵器民営に関する請願書を作成し、武器・弾薬・軍艦其他の器具一切を含む兵器生産の大部分を民間企業に委託要求する旨の決議を行なった。その理由は、兵器工業の民営化が工業振興として必要かつ有益とし、さらに、「単ニ工業発展ノ一方面タルノミナラズ、汎（ひろ）ク国家ノ大局ヨリ観テ、極メテ必要且有益ナルコトヲ信ズ。蓋シ（中略）到底此等官営工場ノミニ依リ需給ヲ全フスル能ハス」[*90]とし、総力戦段階での軍需工業動員の必要性を強調していたのである。

軍需民営化への期待と不安

同様の観点からする民営化論には、陰山登（工業之大日本社理事）の次のような記事がある。

我が国は軍器に関しては秘密主義を把持し、自給自営の方針を乗り来りしを以て、民間会社が此の方面に有する生産能力は頗る微弱にして戦時多々益辨する需要に応する事不能なり。故に或範囲に於て之を開放して民営に移し之を経営せしむる事を要す[*91]

要するに平時における民間兵器生産技術の向上と、生産体制の確立を説いたものであった。
官民合同の一環としての兵器民営化への機運は、軍・財に留まらず、製鉄事業拡充の計画立案者として政府委員を務めた学者の間にも根強いものであった。例えば、東京帝国大学工科大学教授（造兵学・第一講座担当）で製鉄業調査委員会委員でもあった大河内正敏は、財界人の説いた重化学工業発展の促進契機とし、兵器民営化を図る考え方に対し、兵器民営化の根本要因を国防の充実に置く必要を次のように説いた。

経済的兵器民営論は寧ろ余りに迂遠に過ぐるものであるということを悟らねばならぬ、否兵器の民営ということは今少しく国民の生命に触れた国家其者の存亡安危に関する真乎国防上の重大問題であるということを悟らねばならぬ。[*92]

兵器民営化目標とその内容は、国防の充実と言う国家的軍事的考慮から規定されるべき性質のものであって、資本家的利益の追求を第一義とするものでない、とした見解であった。逓信次官内田嘉吉も、「国民の戦争であるが故に、国民は自ら進んで必要なる軍需品の製造供給に当る責任を負う可きであると言っても敢て失当ではないと思う」[*93]と述べて、総力戦段階における国民的課題としても位置づけるべきだとしていた。

しかし、その一方で、戦時における軍需工業動員では、兵器製造工業が最も重要であるとしつつも、平時においては金属工業の発展が必要であるとする経済合理性に沿った見解もあった。たとえば、京都帝国大学教授戸田海市は、「之に備えには唯一概に軍備を拡張するといふばかりでなく、実際の国防の充実であるところの産業の発展を以てこれに対抗するというのが最も有効な方法ではあるまいか」[*94]と述べていたのである。

軍・財・官学にわたるこれら兵器民営化論の見解や重点の置き方の違いは、軍需工業動員法制定時にはほぼ次のような見解によって調整が試みられることになった。東京帝国大学工科大学教授で製鉄業調査会専門委員の斯波忠三郎は、民間における重化学工業の発展と、総力戦段階に適合する軍需工業体制確立という二つの課題を同時併行的に達成するため、民間工業育成を図り官民分業的に兵器軍需品の製造体制を図ること、有事の際における政府の管理すべき工場を予め指定し、平時において定期的に「教育注文」を行い準備すること、民間工場への政府保護をなすこと、度量衡統一、工業用素品の統一、工業用原料自給体制の確保、などを挙げていた。

これらの提言の根底には「一体工業力の伴はざる軍備拡張ほど危険なるものは無いと思います」[*95]と記したように、斯波には経済合理性を踏えた軍備充実こそ軍需工業動員体制兵器民営化を民間工業発展と直結させて考えるのではなく、確立の条件だとする認識があったのである。後年所謂「経済的軍備論」なる用語で定着していくこの認識は、当該期財界人の大方の共通認識となり、軍部もこれに協調することで当面の課題に対処しようとしたのであった。

以上、軍需工業動員体制構築過程において、軍・財間の争点となるべき自給自足問題、資源問題、官民合同問題については、当該期日本の政治経済構造に規定されつつも、いずれも軍・財間において一致点を見出していく可能性が大きかったのである。軍需工業動員法制定は、その法的表現であった。[*96]

次に同胞の制定経緯と、同法に対する内閣及び各勢力の反応を議会審議の内容を中心に追っていきたい。そこでは、軍部が実際上の主導権を握りながらも、軍・財間の基本的合意の上に、同法が制定された事実が明らかになるであろう。

4　軍需工業動員法制定と軍・財間の合意形成

制定経緯

第二次大隈重信内閣は、大戦勃発直後から大蔵省を中心にして、参戦諸国の政治経済体制の調査を実施していた。同時に大隈内閣は参戦諸国からの軍需品の膨大な注文に充分対応しきれない状況が顕在化するにつれ、日本経済の重化学工業化促進の経済政策を打ち出すところとなった。[*97]

日本経済の重化学工業化策の一環として、大隈内閣期における化学工業調査会（一九一四年一一月）、経済調査会（一九一六年四月）、製鉄業調査会（同年五月）などの相次ぐ設置や、染料医薬品製造奨励法（一九一五年三月）などの制定は、その具体策であった。重化学工業化策の一環として、大隈首相は一九一六（大正五）年四月二九日、経済調査会第一回総会で、次のような訓示を行なっている。

此欧州大乱ニ因テ日本ノ受ケタ利益ハ随分大ナルモノテアル、其中最モ大ナルモノハ軍需品ノ注文テアリマス。日本ニ製造力サヘ有レハ、或ハ容易ク原料品ヲ得ル事サヘ出来レハ、今日ノ三倍テモ五倍テモ供給スル事カ出来ルノテアリマス。（中略）此ノ軍需品ノ供給ハ実ニ大ナル利ヲ得ルモノテアル。[*98]

大隈首相は重化学工業化促進の理由を、大量の軍需品注文に耐え得る経済構造への質的転換に求めたのであり、そのためには「官民相俟（あいま）ツテ戦後ノ日本ノ産業ノ発展、経済ノ発展ヲ図リタイト希フ次第テアリマス」[*99]と結んでいた。

この大隈首相の発言は、陸軍省兵器局銃砲課長吉田豊彦が、同年八月二二日、経済調査会産業第二部会の席上行なった次の発言と相互に補完的な内容であり、そこから導き出される具体策は、極めて共通項の多いものであった。

欧州戦役ニ於ケル此実況ハ独リ軍人ノミナラス、独リ当局者ノミナラス、帝国国民全体カ考究シ、以テ将来ノ戦勝ヲ獲得スルノ途ヲ講セサルヘカラサル重大事項ナリトス。此等ノ研究ニ基キ当局者トシテ工業動員上、平時ヨリ如何ナル法律規則ヲ定メ置クヘキヤ、如何ナル官制ヲ要スヘキヤ、製造工業上如何ナル準備ヲ要スヘキヤニ就テハ目下切ニ研究シツツアル。*[100]

第一次世界大戦の総力戦様相を教訓に、将来生起することが予想された総力戦への対応策として、軍需工業動員の法制着手が考慮されていることを明らかにしていた。*[101] こうした状況を踏まえ、大隈内閣後成立した寺内正毅内閣期に入ると、具体的な軍需工業動員法作成が、先ず陸軍から提案されてくることになった。以下、それら法案の内容を要約する。

参謀本部「軍需品管理法案ノ要旨」

一九一七（大正六）年一二月二一日、参謀本部は、参謀総長上原勇作の名で寺内内閣の陸軍大臣大島健一宛に、「時局ニ鑑ミ軍需品管理ニ関スル法律制定ノ必要ヲ認メ候条該法至急制定相成候様致度*[102]」とする「軍需品管理法案」の至急制定を要請した。同時に参謀本部案として、一二カ条から成る「軍需品管理法案ノ要旨」（以下「要旨」と略称）を提示した。軍需工業動員法の原案ともいうべき「要旨」の内容は、次の通りである。

一　本法ハ戦時若クハ事変ニ際シ帝国臣民及内国法人ニ之ヲ適用セシムルコト。

二　政府ヲシテ軍需諸品供給ノ為民間生産品ノ全部又ハ一部ヲ徴用シ、又私設会社、工場（人員、機械其他一切ノ附属設備ヲ含ム）ヲ使用シ、或ハ之ニ必要ナル作業ヲ賦課スルノ権ヲ有セシムルコト。

三　前項ノ適用ハ陸海軍大臣ノ発スル徴用書ニ依リテ其効ヲ生スルコト。又徴用セラレタル物件及会社、工場ハ徴用害ヲ発シタル陸海軍大臣ノ管理ニ属スルコト。

四　徴用ノ為生シタル損害ノ賠償価格ハ、過去五年間ノ平均収益又平均価格ヲ標準トシ、評価委員ノ評定ニ基キ之ヲ定ムルコト。軍需品製作ノ為前ノ価格ヲ超過シタル収益ハ、之ヲ国庫ノ収入トスルコト。

五　陸海軍大臣ハ軍需品供給ノ為、平・戦両時ヲ問ハス生産者、会社、工場ニ就キ所要ノ調査ヲナシ得ルコト。

六　被徴用者ハ軍需品ノ供給及製作ニ関スル陸海軍大臣ノ要求ヲ拒絶スルコトヲ得サルト共ニ、其ノ供給及制作能力等ニ関スル政府ノ調査ニ対シ、平・戦両時ヲ問ハス正確ナル資料ヲ提供スルノ義務ヲ負ハシムルコト。

七　陸海軍大臣ハ如何ナル会社、工場ニ対シテモ特許権ヲ有スル他ノ意匠ニ依リテ器械及軍需品ノ製造ヲ命スルコトヲ得。而シテ此意匠ハ秘密書類トシテ取扱ハシメ、又特権ノ所有権者ニハ相当ノ賠償ヲ与フルコト。

八　陸軍大臣ハ徴用セル会社、工場ニ対シ人員、器具、材料其他附属設備ノ増減変更ヲ要求シ、又彼此会社、工場間ニ於ケル所有権ノ移換ヲ要求シ得ルコト。

九　徴用者ニ対シテ租税及印紙税ヲ免スルコト。

十　戦争終了後ニ於テモ要スルハ本法ヲ持続シ得ルコト。

十一　本法ト徴発令ト相違スル点ハ総テ本法ニ拠ラシムルコト。
十二　本法ノ適用範囲ヲ朝鮮、台湾、樺太及満州ノ租借地及鉄道沿線ニ及ホサシムルコト。*[103]

「要旨」の基本的特徴は、第一に政府と陸・海軍に、民間で生産される軍需品の徴用・使用・管理・譲渡命令などの権限用命令制限権（第一九条）や、損害補償の付与、賠償請求権等が規定されたこと、第二に以上の諸権限が拒絶不可能な絶対的なものとして規定されたこと、第三に軍需品に対する調査権限が平・戦両時の区別なく政府、陸・海軍に付与されること、としたことであった。ここから「要旨」は、平時からの工業動員体制構築を、法制面から政府と陸・海軍主導下に推進しようとする意図のもとに作成されたものであることが知れる。

「要旨」は、いずれにせよ以後繰り返し加筆修正されていく一連の軍需工業動員法案の基本的枠組みを明示したものであった。その後、実際には、法制局、内閣、宜などの諸機関、諸勢力によって、妥協・調整を余儀なくされていくのである。

陸軍省の軍需品法案

参謀本部案を受けた陸軍省は、同年二月一五日までに起草委員によって陸軍省案を作成させていた。三四カ条（内罰則規定七カ条）から成る陸軍省の軍需品法案を要約すれば次の通りである。

すなわち、軍需品の定義（第一条）、適用時期（第二条）、経営関係命令権（第三〜五、二五〜二六条）、軍需品の移動・譲渡・使用・消費・所持の禁止・制限・命令権（第六条）、軍事品の価格制限（第

七条）、軍需品の輸出入の禁止・制限（第八条）、特許権・意匠権、実用新案所有者の説明義務（第一〇条）、輸送機関・設備管理権（第一一条）、輸送機関・設備所有者・経営者への業務報告命令（第一二条）、輸送機関・設備の使用・収用権（第一三条）、軍需工場労働者の徴用対象の規定（第一四条～一八条）、軍需工場の使用収用命令制限権（第一九条）、損害補償付与、賠償請求権（第二〇～二一条、第二七条）、本法運営機関設置と委員任命（第二二条）、他の関連法規との関係（第二三条）、罰則規定（第二八～三四条）である。

陸軍省案は参謀本部案を踏まえて、それを一個の法律としての体裁を整えることに主眼が置かれ、細部にわたる周到な軍需工業動員法としての性格を明確にしたものであった。さらに、以上の経緯のなかで陸軍省では、軍務局軍事課と兵器局銃砲課に重要な点は、参謀本部案が平・戦両時の区別なく、強大な捜査権限、特許権の強制使用命令など軍事品製造者、あるいは財界への配慮を欠いていたことから、取り敢えず損害補償、賠償請求などの諸権利を付与することにより、財界との調整を図ったことである。

陸軍省案は、大戦中から開始された陸軍の軍需工業動員構想の、この段階における最も整理された法的表現であった。また、それは臨時軍事調査委員会作成の「工業動員要綱」の主要項目であった、㈠社会全般に亘る平時施設準備、㈡国防経済の発展、㈢中央統轄機関の設置、㈣他の行政機関との連繫、㈤平・戦両時に亘る兵器の完全独立、㈥内官民共同自給策の確立、の諸目標を実践化しようとするものでもあった。

法制局の軍需工業調査法

陸軍省案は次に内閣法制局に回され、その結果、同年二月一五日に法制局案として一六カ条(内罰則規定六カ条)から成る「軍需工業調査法」が作成された。それは陸軍省案のうち罰則規定を除いた二七カ条から一七カ条が削除された形となっているが、内容的には変化なく、法律としての体裁を一層整備する格好となっている。唯一の特徴としては、陸軍省案で明記された種々の経営関係命令発令権が、法制局案では報告義務命令権の形式を採用していることである。これは政府、陸・海軍に付与されることになっていた陸軍省案における権限の絶対性の規定を、財界等の反応を考慮して表現方法の緩和を図ったものと考えられる。

陸・海軍の軍需工業動員法案(内閣請議案)

以上の経緯のなかで陸軍省では、軍務局軍事課と兵器局銃砲課が中心となって閣議提出用の法案作成に取りかかった。海軍省との間で先の法制局案を検討した後、二月一八日に陸・海軍連署で九カ条(内罰則規定二カ条)から成る軍需用工業動員法案「内閣請議案」を作成した。

その内容は、軍需用品の定義(第一条)、工場・事業場の管理・収用・使用権(第二条)、軍需用品の移動・譲渡・使用・消費・所持・輸出入の制限および禁止命令権(第三条)、兵役履行者、兵役義務該当者、非兵役者の輸送機関・軍需工場・事業場への従事命令権(第四条)、設備・生産・修理・輸送能力・人員・貯蔵量等に関する報告義務命令権(第五条)、補助金交付の件(第六条)、罰則規定(第七~八条)、本法施行を勅令による規定の件(第九条)であった。[*104] これら九カ条に集約された条項は、本格的に政治日程に上がってきた軍需工業動員法制準備への陸・海軍の絶対要求項目であった。

閣議請議案は、二月二〇日に内閣および関係各省に送付され、各省の意見を参考にして、法制局が再度条文の修正作業を行なった。その結果、二月二三日に二三カ条（内罰則規定八カ条）から成る軍需工業動員法（法制局決定案）を作成した。同日には閣議にかけられ、一六カ条（内罰則規定四カ条）から成る軍需工業動員法案（閣議決定案）が作成された。

内閣の軍需工業動員法案（閣議決定案）

閣議決定案では、閣議請議案の第三条と第七条が、それぞれ三カ条に、第五条が二カ条に細分化された。これに加え新たに、工場事業場の調査（第七条）、臨時調査（第一条）、助成上の権利義務の継続（第一二条）を加え、第九条を削除して全文一六カ条から成るものであった。閣議定案は、三月四日に国会に送付され議会での審議を待つことになった。

議会審議の内容と制定法

閣議決定案は、三月七日に衆議院本会議（第四〇回通常議会）に上程された。同日、衆議院議長大岡育造は、内閣決定案を審議する審議委員三六名（委員長元田肇）を指名した。同月九日から二〇日までに合計六回にわたって委員会が開かれた。二〇日に衆議院本会議で可決され、同日即ちに貴族院に送付された。

貴族院議長徳川家達は、同日審議委一五名を指名（委員長寺島誠一郎）し、二二日から二六日までに合計六回にわたり委員会が開かれた。二六日には貴族院本会議で可決され、翌四月一六日、閣議決定案は、軍需工業動員法（法律第三八号）として制定された。このように衆議院本会議に閣議決定案が上程されて以来、僅か二〇日間を経過したに過ぎず、重要法案としては異例のスピード審議であった。

以下、両院本会議および各審議委員会における審議内容を整理し、そこで一層浮き彫りとなった陸・海軍と、財界の意向を代表する政党との協調・妥協の実態を要約しておく。

各委員から出された法案への主要な疑問・警戒は次の諸点であった。すなわち、同法案制定の意義と目的、同法案の平時規定が工業発展の阻害要因になり得る可能性について、同法案提出時期と緊急性の意味、徴発令と同法案との関係、補償問題および秘密保持問題、工業発展への効果の有無、労働者対策、陸・海軍の権限問題、自給自足問題、官民合同問題、軍需工業動員の中央統括機関問題、等である。

三月九日、寺内首相は衆議院における法案審議委員会の席上、先ず法案提出理由を次の如く述べている。

> 戦争ニ於テ国家ノ最大威力ヲ発揮スルコトニシマスノニハ、独リ兵力丈ノ準備デナク、総テノ軍需ノ必要品ニ於テ缺漏ノナイヤウニ、又戦争ノ目的ヲ達スルニ於テ、遺憾ナイ丈ノ準備ヲ国家ガシテ置クト云フコトガ必要デアルト思フ。*[105]

つまり、明確に総力戦段階への対応策の一環として抽出された法案であるとしたのである。同法制定は、「国防充実ノ一部」であり、「国家ノ将来ニ必要デアル」と結論した。[*106] 但し、この意味付けだけでは、各政党・議会関係者を説得することが出来ず、農商務大臣仲路廉の次のような答弁が必要となってくる。

此法律ノ制定ハ甚ダ必要ト存スルノデアリマス。何故カト申シマスルニ、此動員法ニ規定セラレマシタ事柄ハ、是ハ今日ノ場合ニ、寧ロ国家ノ国策トモ称スベキ大本デアラウト思フノデ御坐イマス。即チドウ致シマシテモ是カラ後ニハ、一朝有事ノ時ニハ独リ政府限リノ力デ総テノモノガ調ヒマセヌ。何ト致シマシテモ、国民動員ノ力ニ俟タナケレバナラヌノデアリマス。殊ニ工業、国家ノ産業ハ、或ハ技術ノ上ニ、是迄ハ唯ガ商人トカ工業者ノ営利ノ事業ダト云ツテ居ツタモノハ、今ヤ国家ノ有用ナル要素トナツテ居ルト思フノデアリマス。[*107]

仲小路の発言は、先の寺内首相の発言を受け、より具体的に経済・工業の動員および発展を、「国家ノ有用ナル要素」と位置づけることで、経済・工業への国家の積極的介入が不可避となっている現状を説いたものであった。それは軍部官僚が、ひたすら軍事合理性に立脚して軍需工業動員の必要性を説いた内容と対照的であった。仲小路は、要するに軍事合理性と経済合理性の融和・協調を発想の基本に置いていたのである。

それゆえに、この仲小路の発言を引き出した井上角五郎（政友会・日本製鋼所会長）は、「農商務大臣ノ御説ハ、始メカラ終リ迄全部私ハ同意致シマス。私モ其通リノ考ヲ持ツテ居リマス」[*108]と述べ、全面的な同意を表明しているのである。同法制定の理由について、ここで表われた仲小路と井上の問答は、同法制定自体について、既に軍、および財・政との間で基本的了解が出来上がっていたことの一つの証明であった。そのことは、三月二一日の衆議院本会議の席上、委員長元田肇が満場一致による法案可決を求めた際の、次の発言からも知ることが出来る。

平時デアレバ、免ニ角デアルガ、今日ノ時局ニ於キマシテハ、折角斯様ナ法案ガ提出サレタコトデアルカラシテ、活用ノ出来得ラレルマデニ修正ガ出来ルナラバ、之ヲ玉成シテ通過スルコトニ致スノデ、今日ノ時局ニ対シテ吾ヽノ執ルベキ適当ノ方針デアラウト云フコトニ意嚮ガ一致致シマシタ。（中略）今日ノ時局ニ於テハ成ルベク之ヲ活用出来ルヤウニ修正シテ通シタガ宜カラウト云フ決心デアリマシタ。[*109]

法案の条項自体については若干の修正要求を持ったとしても、それは最大限に同法案の有効性を引き出すためのものであって、諸勢力間の対立・矛盾の表現と言い得るものとはほど遠かったのである。同法制定理由以外にも、先に取り挙げた軍需工業動員を進める際の個別問題についても同様であった。

例えば、自給自足問題について、審議委員鈴木久次は、「戦時ニ際シマシテ、軍需品ノ自給ヲ迅速確実ニスルト云フ本法制定ノ精神ハ、満腔ノ同意ヲ表スル所デアリマス」[*110]と述べた。それは、軍需品の自給自足体制の確立が、重化学工業発展に直接効果を期待出来るものであり、重化学工業は当面軍需拡大によってしか発展の契機を見出し得ない、との判断を持っていた財界の見解を代弁したものであった。

また、官民合同問題について言えば、審議委員小山松壽の次の質問と、陸軍大臣大島健一の答弁が参考となろう。

> 現在ノ兵器製造業ヲ致シテ居リマスル官業ノ一部分ヲ、若シ民業ニシテ其用ヲ辨シ得ルモノニ対シテハ、ソレ等ハ他日国家非常ノ場合ニ有用ナラシメル為ニ、民間ニ移シテ此工業ヲ発達セシムルノ御方針ガアルヤ否ヤト云フコトヲ伺ヒタイ。[*111]

これに対し、大島は次のように答弁している。

> 成ルベク工廠其他ノ仕事モ、漸次民間デ出来ルナラバ民間ニ作ラシテ、民間ノ能力ヲ発達シテ置クト云フコトハ無論デアリマスカラ、是ハヤツテ宜シイト云フ時期ニ於テハ無論之ヲ実行スルニ吝(やぶさか)ナラヌ積リデ居ルノデアリマス。[*112]

さらに大島は、三月一三日開催の貴族院軍需工業動員法案特別委員会の席上、江本千之の質問に軍需品製造について次の如く答えている。

陸軍デヤツテ居ルカラソレデ宜シイト云フヤウナ考ハ有ツテ居リマセヌ。而已ナラズ戦時ニ当ツテ今後ノ動員法ナド実行シマスルト、又今回ノ戦争ノ実験ニ依リマスルト非常ナル多数ノ兵器殊ニ砲弾ヲ要シマスカラ、実ハ此小サイ工場ハ殆ド全部ヲ挙ゲテ兵器製造竝ニ国家生存上必要ナル製造ニ従事サセルト云フコトニナルダラウ。又随ツテ是ガ調査ト云フコトニ陸軍ハ最モ其多クヲ負担シナケレバナラヌ。斯ウ考ヘテ居リマスル。[*113]

陸軍としては軍需品、なかでも兵器製造の民間委託には、慎重な姿勢を堅持しつつも、大量生産・大量消費を必然化させる総力戦段階においては、従来の軍工廠のみでは充分に対応しきれないとする認識が、やはり根強く存在していたのである。

進む軍・財間の調整

以上の審議を経て、衆議院では軍・財間の意見調整を目的とした小委員会において法案の修正案作成に取りかかり、最後の詰に入った。その結果、四月二〇日に委員長元田肇は、徴発令と同法案との関係の明確化、職工の動員に関する規定を設けること、補償問題等に関する軍需評議会の権限規定および企業秘密保護の規定を設けること、などを主な修正項目としてあげ、了承を得た。[*114]

こうして、内閣決定案に新たな六カ条が加筆されることになった。それは次のものである。重要と思われる条文のみ引用する。

第四条　前二条ノ場合ニ於テ政府ハ従業者ヲ供用セシムルコトヲ得
第七条　戦時ニ際シ第一条ニ掲クル物件ニシテ徴発令中ニ規定ナキモノヲ使用又ハ収用セムトスルトキハ徴発令ノ規定ヲ準用ス
第九条　政府ハ戦時ニ際シ勅令ノ定ムル所ニ依リ兵役ニ在ラサル者ヲ徴用シテ前条ニ掲クル業務ニ従事セシムルコトヲ得
第十条　第二条又ハ第三条ノ規定ニ依リ収用シタル工場、事業場、土地又ハ家屋其ノ他ノ工作物及其附属設備不用ニ帰シタル場合ニ於テ収容シタル時ヨリ五年内ニ払下クルトキハ旧所有者又ハ其ノ承継人ニ於テ優先的ニ之ヲ買受クルコトヲ得
第十五条　第五条ノ規定ニ依ル補償金及前条ノ利益保証又ハ奨励金ノ算定並第十条ノ規定ニ依ル払下価格ハ軍需評議会ノ決議ヲ経テ之ヲ定ム。軍需評議会ニ関スル規定ハ勅令ヲ以テ之ヲ定ム
第十七条　工業的発明ニ係ル物又ハ方法ニ関シ予メ政府ノ承認ヲ得ダル事項又ハ設備ニ付テハ報告ヲ命シ、検査ヲ為シ、調査資料ノ提供ヲ求メ又ハ従業者ニ対シ質問ヲ為スコトヲ得ス

これら加筆修正の内容をみると、その狙いが財界との利害調整に集中されていたことが知れる。議会審議中に提出された議会・政党側からの疑問・警戒の類は、ほぼこの加筆修正の中で解消されたと言える。

つまり、政府・軍部は確かに戦時規定において工場・土地等の管理・使用・収用の権限、軍需品およびその原料の譲渡・消費・所持・移動・輸出入に関する命令権、さらには労務動員の権限を得、平時規定においては軍需工業を中心として重化学工業一般への調査・報告命令権を得ることになっていたが、議会・政党、財界関係者にとって最も関心の深かった私権保護（企業秘密の堅持、損害補償等）については、衆議院、貴族院の両方とも附帯事項を設け、これを実行する役割を軍需評議会に委ねる手続きが執られることになったのである。

従って議会審議は、法案の是非をめぐる根本的な対立に至ることはあり得ず、いくつかの争点をめぐる調整作業の場を軍・財双方に提供した格好となった。そして、軍・財双方が決定的な対立に至らなかった理由は、(1)同法が企業の経営内容自体に直接干渉を目的とした法律でなかったこと[115]、(2)企業側にしても同法を契機に国家的保護の法的保証をすることが、大戦後の重化学工業促進政策の為に有利であるとの判断が存在していたこと、当該期において軍・財双方に政治的かつ経済的レベルでの対立に値するような問題が存在しなかったこと、むしろ大戦による特需景気のなかで相互に協力関係が成立する気運にあったこと、などが挙げられる。

同法が参謀本部作成の「要旨」以来、一貫して陸軍の主導のもとで制定されたことは事実であったが、そのことを積極的に批判する理由は、当該期の財界関係者には存在しなかったのである[116]。

寺内内閣の対応と諸勢力の反応

ここでは、軍需工業動員法制定前後における寺内内閣の同法への対応と、財界を中心とする諸勢力の同法への反応を概観し、同法の制定意義を見ておきたい。

先ず、寺内首相は同法の意義に関し、一九一八（大正七）年六月五日、軍需工業動員法の施行に関する統轄機関として首相の管理下に設置された軍需局（同年五月三一日）に関し、内務、陸軍、海軍、農商務、逓信の各大臣、および拓殖局長官、鉄道院総裁宛の「内閣訓令第一号」の中で次のように述べていた。

近時ニ於ケル国際間ノ戦争ハ、豈ニ陸海軍人ノ協力活動ニ待ツノミナラス、国家ノ全力ヲ之ニ傾注スルニ非スムハ、以テ終局ノ勝利ヲ制スルコト能ハス。政府ハ深ク茲ニ鑑ミテ軍需工業動員法案ヲ第四十回帝国議会ニ提出シ、其ノ協賛ヲ経テ曩ニ既ニ之カ統制公布ヲ見タリ。然ルニ工業動員ノ事タル其範囲極メテ広汎ニシテ、都鄙総テノ工場及事業場ニ及ホシ、関係官庁甚タ多クシテ之カ調査計画ノ統一機関ヲ特設スルニ非スムハ、法ノ運用全キヲ期シ難シ。是レ今回軍需局ヲ設置セル所以ノ大綱ナリ。[※117]

ここでも総力戦段階への対応が同法制定の主要な目的であることを繰り返し述べている。しかし、同法が日本の重化学工業発展の契機となる、といった点については、何ら言及されていない。それは、この訓示が政府関係者宛への内部文書であったこともあるが、それ以上に同法が軍事合理性を徹底追及した結果として生み出されたことを示したものであった。

同法制定の推進者の一人で、陸軍省兵器局銃砲課員鈴村吉は、「内閣訓令第一号」の草案である内閣訓令案のなかで、陸軍の姿勢をより一層明らかにしていた。

> 曩ニ軍需工業動員法制定セラレ、今般其ノ施行統一ノ為軍需局ヲ設置セラル軍需工業動員ノ目的ハ戦争ノ状況ニ依リ陸海両軍ノ需要ニ応シ、軍需品ヲ迅速且確実ニ補給スル為、帝国内外ノ資源ヲ調節シ、適時ニ其ノ全能力ヲ発揮セシムルニ在リ。*118

鈴村の内閣訓令案に代表される陸軍の姿勢の背景には、⑴第一次世界大戦後の戦争様相から受けた影響と、これへの対応に危機感を抱いていたこと、⑵大戦後、国際連盟結成に代表されるごとく、国際平和への強い動きが存在する一方でロシア革命とそれに続くシベリア干渉戦争のような争乱、戦争の危機が継続的に存在していたこと、⑶大戦諸国が勝敗の区別なく経済的軍事的に相当程度の打撃を受けた状況にあり、日本の相対的な軍事力・経済力の向上を図る絶好の機会であったこと、などが考えられる。

次に財界を中心に、諸勢力・諸分野から同法への反応を見ておく。先ず、慶応大学教授安川貞三は、同法制定の目標が支配総体の共通認識を土台とした戦後経営策、重化学工業の促進、それによる日本資本主義水準の引き上げにあり、そのために国家の経済活動への介入を不可避とする状況にあるとし、次のように述べたのである。

本案が衆議院に於て可決せらるゝに際し、本会期中奉答文の議事以外未た曾て見ざる各派一斉の拍手を見たるが如きは、是れ明かに平時に於ても尚且つ国家が国民の経済生活に対し干渉を加ふるの必要の痛切なるを示して余りあるものと云はなければならぬ。*[119]

これに続いて安川は、同法制定の意義について触れ、同法が戦争遂行のための応急的手段であるとした。そして、同法が経済制度の基本である自由競争原理を打破して、国家による経済の管理・統制を強行する「新経済主義」の出現を目指す可能性を問うた後、これへの解答は、「今後に於ける国家闘争の最重要なる要素をなすものである」*[120]と述べた。さらに、結論の部分では、「国家は重要なる産業の経営を従来の如く企業家の自由に放任せず、軍国の用に応す可く適当の管理、統制を行ふの必要があるのである。所謂経済生活の軍国主義化なるものが是である」*[121]とし、同法制定が結局自由主義競争原理を事実上否定したものであること、それが国家統制経済の導入による経済の国家管理・統制を法制的に準備したものと積極的に意義づけたのである。

これに対し、法律としての軍需工業動員法の不充分性を鋭く突いた論調も少なくない。例えば、京都帝国大学経済学部教授櫛田民蔵は、「軍需工業動員法ニ就テ」のなかで次のように述べている。

国家自ラ生産資本ヲ管理シ収用スルコトヲ得ナイ故ニ、コノ点ニ於テ国家ト軍需品生産トノ関係ハ、普通ノ保護事業ニ於ケルト異ナル所ナク、之ヲ一ノ軍需品工業保護奨励法ト云ヘバ兎モ角、正シキ意味ニ於テ工業動員法ト云フヲ得ナイ。[*122]

軍需品の生産手段の国家管理・収用、労働者の同盟罷工その他生産増加も防げる行動の予防・禁止の条項を明記する必要があるにも拘らず、同法は戦時規定では同盟罷工に対する管理規定がなく、平時においては資本家、労働者双方に対する管理規定がないとして、同法の不充分性を指摘していた。櫛田にとって、軍需品生産の国家による完全な管理統制を規定するのみでは軍需工業動員法とは言えず、参戦諸国で施行された同法を名とする一連の法制とはほど遠いものであった。

財界の発言のなかには、同法自体の不充分性への批判や、同法が有効に機能するには日本重化学工業水準の低位性が問題だとする見解も目立っていた。経済雑誌『工業』は、社説「帝国主義の工業」のなかで、同法制定が「経済軍編制の第一歩」[*123]とする位置づけを示し、同法が実際の経済過程において有効に機能するためには、次のような課題が存在しているとした。

つまり、(1)軍需品の原料不足、(2)度量衡制度の不統一、(3)小工場の多数、(4)工場設備の不完全、(5)優良職工の欠乏、等である。これらの諸課題を解決することで経済体制の軍事化を推進し、それによって重化学工業の発展と、日本資本主義水準の低位性克服を目指したのである。そのために、同法を直接契機とする経済への国家介入は不可避とする判断が、基本的に存在したのである。

ほぼ同様の見解として、『日本経済雑誌』は、社説「工業動員法」のなかで次のように記している。

今や露西亜の形勢は、彼の如く混乱を呈し、独逸東漸の勢益々急なるを告げ、東亜に於ける我帝国の地位、頗る重大なるを覚えずんばあらず、此秋(とき)に当り、工業動員法の規定の不備は、決して軽々看過すべからざるあり。更に慎重審議を累ね、時艱(じかん)を済(すく)ふに適当なる制度を確立せざるべからずとす。*124

ここには同法が国際政治状況における対応策として位置づけられ、軍事力および経済力の増大を結果させる一手段としたうえで、国際政治状況への長期的対応策として一層検討を加えることを提言している。

このように同法へは批判点や克服を留保しつつも、全体としては賛同する見解が多かったが、同法制定の非有効性や時期尚早を唱える見解も存在した。日清紡績会社専務宮島清次郎は、「現時の状態の下に於て此法を実施し果して所期の目的を達し得るや、我国の工業は之が動員を行ひ得る域に達し居るや否や余輩の所見を以てせば此点に就き多大の疑ひなき能はず」*125と述べ、日本資本主義水準の低位性は、同法が重化学工業を中心とする日本工業発展の契機となる可能性の阻害要因となると指摘していた。

つまり、宮島に代表される第一次世界大戦前後における日本工業の主要勢力であった綿業ブルジョアジーは、国家による自由競争の原理制限の可能性に対し懐疑心を抱いたのである。しかし、財界の主要部分には、重化学工業化政策を国家政策レベルへと押し上げ、自らその主導性を確保したいとする欲求が強く存在した。軍需工業動員法の制定は、財界層にとって、その一大契機であった。それゆえ、かくも短期間のうちに軍・財間の対立を招くことなく、むしろ協調・妥協が図られたのである。

おわりに――総括と展望――

以上、第一次世界大戦勃発直後から陸・海軍内、および政府部内で開始された軍需工業動員構想の内容と、軍需工業動員法の制定過程を追認し、陸・海軍、財界を中心とする支配諸勢力の対応を概観してきた。

今一度要約すると、大戦の教訓から大戦後の戦争様相が一層徹底した総力戦になると認識した陸・海軍は、総力戦準備の最大課題として軍需工業動員体制の平時準備に取り組むことになる。一方、財界は大戦特需に充分対応出来ず、そこから日本重化学工業水準の低位性という日本資本主義が内包する諸矛盾を代位補完する一方途として、陸・海軍の主唱する軍需工業動員体制構築に協応するにいたった。これを大戦後における国家政策＝戦後経営案として確定するために、軍需工業動員法の制定に原則的に同意していったのである。

ここで再度確認しておきたいことは、同法の平時規定が、「軍需工業の育成と組織に大きな役割を果たした」[*126]とされるように、重化学工業化促進を大戦後の主要な経済政策としようとした財界にとって、同法による重化学工業への国家的保護・奨励は、自らの利益および当面の課題と原則的に一致するものであったことである。[127]

小林英夫は、同法制定過程のなかでも特に議会での審議経過で表出した軍・財間の対立をもって、「第一次世界大戦期、シベリア出兵を目前にひかえながらも、軍と資本家の「階級同盟」が、いかに形成されにくい条件にあったのか、の一端を物語っているといえよう」[128]と指摘した。しかし、本章で繰り返し言及したように、軍・財間における基本的合意の形成は明瞭であった。[129]

ただ、だからといって軍・財間の基本的合意を、それは小林が用いた「階級同盟」なる用語で両者の関係を規定するには、あまりにも不充分である。それは小林の言う「階級」なる概念がきわめて漠然としたものであること、「同盟」の用語で両者間の関係を表現するほどには強固なものでなく、敢えて言えば〝協調関係〟に近いものであったことである。

つまり、それは同盟関係よりも相互関係が相互規定的でなく、一面柔軟で相互に主体性を容認出来る関係である。したがって、相互に政治的経済的、さらには人的な条件によって協調度を変化させていく幅のある関係と言えよう。

このような軍・財間の協調関係が、第一次世界大戦を契機に成立したとする政治史上の意義は、ここで合意された内容が、その後徐々に構築されていった総力戦体制の基本的枠組を形成するものであったことである。一九二〇年代以降における総力戦体制構築をめぐる軍・財の関係の推展は別稿に譲るが、昭和期における「軍・財抱合」、「高度国防国家体制」、「国家総動員体制」をめぐる軍・財間の協調・連携関係は、本章で見てきた軍需工業動員法の制定過程において、その原型を見出すことも可能なのである。[130]

そして、同法制定をめぐって予想された軍・財間の対立と矛盾は、少なくとも当該期において両者の政策目標の同一性ゆえに妥協・調整が行なわれた。換言すれば、同法制定を契機に陸・海軍、財界（資本家・経営者集団）、官僚、政党が相互癒着の関係に入っていったのである。

もっとも本章では、諸勢力間の相互癒着の実体や、連動関係についてのより構造的分析が不充分であった。筆者の研究視角からすれば、これら諸勢力間の相互癒着、あるいは相互依存関係は、軍事を中心としつつも、これに政治経済的領域をも抱括した軍産複合体制の構築を不可避とするものであった。そして、この体制を表わす用語として、本来軍事用語である〝総力戦体制〟の用語を使用したいと考えている。

第二章

帝国日本の武器生産問題と武器輸出商社

――泰平組合と昭和通商の役割を中心にして――

はじめに――先行研究と課題設定――

戦前期日本の武器輸出の歴史は明治初期から開始されるが、[*1] 本章では第一次世界大戦（以下、ＷＷＩと略す）中から本格的に開始された武器生産や武器輸出入の史的展開を追う。そこでは武器生産と武器輸出入を一括して〝武器生産問題〟として括り、武器生産の自立化や武器輸出体制の確立過程を、以下のような分析視角から追究することを目的としている。すなわち、ＷＷＩを契機に起動した武器生産の民営化の動きを官民合同問題として取りあげ、満州事変（一九三一年）期から、対英米蘭戦争の開始期（一九四一年）までの武器輸出入の実態を追いつつ、なかでも武器輸出を主導した日本陸軍の統制下に輸出業務を担った武器輸出商社の泰平組合と昭和通商の役割を検証していく。[*2]

筆者はＷＷＩにおける戦争形態の総力戦化に触発された日本の軍需工業の拡充が、兵器独立や官民合同（民営化）に結果していったと捉えており、ロシアからの武器注文など外在的要因も手伝って、武器生産問題が特に一九二〇年代に入り、一段と重大な課題としてクローズアップされていったことを念頭に置いている。同年代は軍拡と軍縮が鬩（せめ）ぎ合う時代でもあった。そうした内外情勢に左右もされながら、日本における武器生産問題の変容を具体的に追う手段として、軍需工業動員法の制定による武器生産体制の確立と、それを平時から支える武器輸出専門商社の役割の相互連環性を主要な分析課題としている。

最初に本課題を検討するうえで参考となる先行研究を要約紹介する。そこで論じられた問題と、論じられなかった課題を併せて触れておきたい。

先行研究の要約――芥川・坂本・名古屋・柴田論文を中心に――

戦前期武器輸出の実態について、最も早くに着目し研究の対象として論じたのは芥川哲士の「武器輸出の系譜―泰平組合の誕生まで―」[*3]を始めとする一連の研究であろう。芥川は日本政府が明治初期から武器輸出に強い関心を抱いていたと推測しつつ、当初は清国を対象に不要兵器の輸出で実績を積み、軍工廠創設以後は兵器生産技術の向上に伴い、日清・日露戦争を経由し、ＷＷＩ中にロシアからの武器輸出要請に対応すべく軍工廠の拡充を行ってきた経緯を克明に追った。その後、芥川は「武器輸出の系譜」を一貫したタイトルとし、武器輸出の史的解明に重要な足跡を残した。

芥川の論文のなかで、特に「武器輸出の系譜（承前）―第一次大戦期の武器輸出―」[*4]の分析と史料紹介を受けつつ、日本資本主義の軍事的性格を精緻に分析した坂本雅子の「第一次世界大戦期の対ヨーロッパ資本輸出と武器輸出（上・下）」[*5]がある。坂本は、WWⅠ開始の翌年の一九一五年に日本は一億円に達する武器輸出を行った史実を指摘した。[*6]特に日本陸軍がWWⅠ中の四年間で年間にロシアだけでも総額一億八〇〇〇万円程度の武器輸出の実績を持ち、同国への武器輸出が日本の武器輸出総額の九五％に達したとしている。

日本海軍も同様にイギリス、フランス、ロシア三国合計で、九〇〇〇万円程の武器輸出を行ったとする。日本陸・海軍及び山県有朋に代表される日本政府の指導層は、日英同盟に替わる〝日露同盟〟の締結の可能性をも見出すべく、ロシアへの武器輸出・武器支援に極めて積極的であったことを論証した。また、坂本論文は、「第一大戦期の武器輸出も、こうした軍工廠の経営維持と対外政策という二側面から、実行されたことは確かであった」[*7]と重要な指摘をしている。この二側面は、武器輸出・武器移転問題を論証するうで重要な検討課題であり、本章もその側面を強調する。精緻を極めた経済史的アプローチを基軸にすえつつ、当該期の政治過程をも射程に据えて武器輸出の実態に迫っている。

しかし、WWⅠ中から日本で取り組まれた軍需工業動員法などの法整備による軍工廠での武器生産の限界性を克服する政策が、強力に推進された事実への言及は殆どない。軍需工業動員法や自動車工業動員法などは、まさに坂本の指摘する二側面を補完する重要な政策であったはずである。この点について本章で触れて行く。

次に名古屋貢の「泰平組合の武器輸出」[*8]がある。名古屋論文は、芥川哲士論文が言及していない

WWI以降の活動から、解散するまでの泰平組合の実態解明に取り組んでおり、その点で名古屋論文は重要な繋ぎ手役の位置にある。また、なぜに武器輸出商社として泰平組合が創設されたかについては、「陸軍の利点は、何か不祥事があった場合にも、自らは手を汚さなくてもすむ組織として組合があったことである。もともと兵器輸出は政治的色彩が強いため、日本の立場が問題となった場合、直接矢面に立たなくてもすむための方便であった」[*9]と指摘する。名古屋は同論文の「終りに」で、泰平組合が解散に追い込まれた理由として、欧米武器輸出国の武器水準に追随できなかったこと、「対支武器輸出禁止協定」が成立したこと、武器輸出対象として注目していた満州国軍輸出から排除されたこと、の三点を挙げている。[*10]

そして、本章の論述にあたり最も参考としたのが柴田善雅の「陸軍軍命商社の活動―昭和通商株式会社覚書―」[*11]である。柴田論文は泰平組合の解散理由を、「日中戦争期の中国占領地への兵器輸出を主たる目的として、陸軍省は昭和通商設置に向かうため、既存の泰平組合の廃止を決定した」[*12]とし、昭和通商設立の理由として、「軍配組合は兵器を扱わず、そのほか兵器を取扱う占領地の物資統制組合は設置されないため陸軍の占領地政策の中で、兵器売却を行うための守秘義務を負わせた商社の設立が要と判断された」[*13]とする。柴田論文は昭和通商が泰平組合と比較できないほど広範な地域や諸外国と武器輸出に限定されず貿易を行っていたこと、その意味では軍命商社である昭和通商は、武器以外にも穀物から阿片に至るまで、単に武器輸出専門商社とだけは言い切れない側面を持っていたことを実証している。

同時に、「昭和通商は陸軍省の兵器の対中国輸出のみならず、欧州で調達した兵器の中国占領地の傀儡政権への売却にも関わった。これは泰平組合にみられない昭和通商の従来の兵器取扱いの大幅な業務範囲の拡張といえる」[*14]とし、言うならば、陸軍という強力なバックを得て事業展開した総合商社的な側面を指摘している。また、中国の軍事占領地においては、例えば「蒙彊における兵器等の取引は陸軍省の支援を受けた昭和通商に限定される」[*15]としたように、陸軍と歩をひとつにした独占的な位置を占め続けたと言う。昭和通商が如何に強力な組織であったかは、確かに、中支那軍票交換用物資配給組合（通称、軍配組合）との間で穀物調達業務において競合した折に、最終的には昭和通商に有利に展開していたことからも知れる。[*16]

このように柴田論文は昭和通商が中国の軍事占領行政地における経済活動一般にも深く関与していたこと、また、武器輸出対象地域としてもヨーロッパだけでなく南米方面にも店舗を開設し、まさに国際的な商社としても再定義した点は頗る注目される。ただ、柴田論文は昭和通商が武器輸出商社としての役割に注目するあまり、武器輸入の実態については殆ど注目していない。柴田論文の目的外かも知れないが、武器生産問題全体を射程に据えるためには、武器の輸出入の実態と促進理由、その担い手を総合的に捉える視点も必要であろう。

その点を本章の一つの課題として論じる．

芥川論文から坂本論文、そして名古屋論文を挟んで柴田論文を一貫して読み通すと、日清戦争期から日本敗戦期までの武器輸入は別としても、武器輸出の実態と背景を把握できることになる。このように本章は芥川・坂本・名古屋・柴田論文に多くを学びながら、以下の視角から改めて武器生産問題に絡む課題に迫ろうとするものである。[*17]

問題の所在と課題の設定

本章が対象とする時期は、特にWWI開始以降（一九一四年～）だが、日本陸軍は、日露戦争を通して飛躍的な砲弾の消耗に悩まされ続け、その後も日露再戦の可能性が取沙汰されるなか、所謂砲弾備蓄問題として強く意識するところとなった。その過程で問い直されたのは、平時における武器生産体制の拡充であった。事実、当該期日本の軍需生産・調達能力の不充分性は明らかであった。[*18]

そのために日本陸海軍は、WWI以後、既存の軍工廠に加え、民間企業に対して武器生産の委託を法的に担保する軍用自動車工業補助法（一九一八年三月二五日制定・法律第一五号）や軍需工業動員法（一九一七年四月一七日制定・法律第三八号）等により、軍需工業の裾野を広げる方針を打ち出すことになった。直接の契機は、後述するように大戦中のロシアからの武器注文であったが、これを教訓に民間企業に武器生産を恒常的に委託し、安定的な武器生産の実績を担保する武器輸出体制の構築が検討されることになった。そこから中国やタイなど、近隣アジア諸国への武器輸出政策が検討されることになった。

武器生産問題は軍事や経済の領域に限定されず、輸出対象国との武器を媒体とする友好あるいは同盟関係の促進という政治・外交の領域にも深く関わる課題としてあった。例えば、「日中軍事協定」の締結による武器輸出を媒介とした同盟関係の構築は、その象徴事例である。その全体を一括して捉える方向性のなかで、武器生産問題を見ておくべきであろう。本章は、そうした研究視角を前提としながら、武器輸出を推進した泰平組合と昭和通商という二つの武器輸出専門商社の実態について、史料を読み解きながら、その役割と位置を検証していく。そこでは、次の点を本章独自の課題としておきたい。

第一に、日露戦争以後ＷＷⅠを挟んで、一九二〇年代の中国という武器輸出市場に向けて、文字通り官民合同のスローガンの下、軍需産業の民営化が急がれた。恐らく武器輸出市場の拡大のなかで、陸軍は政治的かつ軍事的な観点から、武器輸出に強い関心を示しつつ、その一方で武器輸出という特殊性から、民間企業に全面委任することは困難と考えていた。それゆえに、武器輸出専門商社として、泰平組合や昭和通商を、その統制下に運用させた。そのことが可能となるためには、官民合同による軍需産業の民営化と同時に、そうした全体を包括する概念として、総力戦思想の普及を必要とした。本章は、この点を特に強調していく。

従来の武器輸出の実態研究では、武器輸出自体を目的化する傾向が強く、その根底にある武器生産体制の充実による総力戦体制の構築という政治過程への踏み込みが弱かった。そこで本章は、武器輸出問題という個別具体的な課題について、総力戦体制構築を基底に据えた武器生産問題として、より包括的に捉える視点を打ち出している。

そこでは特に武器輸出商社が日本陸軍の統制下に創設された根本の背景として、ＷＷⅠを契機とする戦争形態の変容、即ち内閣戦争から総力戦争への変容過程で、日本陸軍が武器生産と武器輸出入への関心を増大させていく実態を追う。同時に日本国内で武器生産の裾野を広げるために実施された軍需工業動員法制定の動きを踏まえつつ、武器生産への取り組みの実態を整理する。武器生産への関心を増大させ、それに迅速に対応することに腐心した日本陸軍は、民営企業との間に対立と妥協を繰り返しながらも、軍需工業の民営化に成功していく。ここでは軍需工業の民営化に積極的に動いた経営者などの発言から、当該期における武器生産と兵器独立に如何なる思惑が存在していたかを検証していく。これらの諸点は、先行研究では殆ど触れられていない。

第二に、第一で追った軍需工業動員体制確立前後における日本の武器輸出政策の実行組織として創立された泰平組合及び昭和通商が創設された背景について論述する。先行研究で多面的に論じられているが、そこで殆ど言及されなかった課題がある。それをキーワードで示せば、兵器独立・官民合同・総力戦体制である。そして現実の政策に兵器生産や武器輸出を担保する法整備として軍用自動車工業補助法や軍需工業動員法の制定がある。本章では特に後者について言及する。同法が明治初期から開始された武器輸出と、武器生産の不充分性を克服するため、必要不可欠な法整備として位置づけられたことを強調していく。

第三に、一九三〇年代初頭の武器輸入の実態を論じていく。特にイギリスとの武器貿易は日本海軍が担うことになるが、満州事変により武器輸入が頓挫していくことは、武器技術の向上を構想していた海軍として極めて痛手であった。海軍統制下の武器輸入商社が介在していた可能性もあるが、海軍は仲介者の存在を認めない発言を行っている。俄(にわ)かには信用し難いが、本章で引用紹介する。

本章は、全体としては泰平組合と昭和通商が担った武器輸出に軸足を置きつつも、武器輸出入史の総体を武器生産問題として捉える観点から、軍事史的かつ政治史的なアプローチにより課題に迫ろうとするものである。[*19] なお、引用史料については旧漢字を常用漢字に修正し、適宜句読点を付して読み易くしている。

1　武器輸出への関心増大の背景

ロシアからの武器輸出要請

一九一四（大正三）年七月二八日から開始されたＷＷＩは、それまでの戦争形態を一変させるほどの莫大な武器弾薬を必要とし、文字通り国家の総力により勝敗の帰趨が決定される総力戦として戦われた。潜水艦・航空機・戦車・毒ガス等の近代兵器が戦場に次々と登場し、陸上や海上だけでなく空中と海中にまで戦場域が拡がっていった。

先行研究の要約で紹介したように、日本陸軍が武器輸出に関心を抱いたのは、既に明治初期からとする芥川論文は、その後ＷＷＩ下においてロシアからの膨大な武器輸入の要請を受け、日本が十分に対応できなかった事実を明らかにした。武器輸出の絶好の機会を十分に活かし切れなかった課題が、一九一七年制定の軍需工業動員法に繋がっていったと推測される。[*20]

ところで、第二次大隈重信内閣（一九一四年四月一六日成立）は、ＷＷＩ勃発直後から大蔵省を中心にして参戦諸国の政治経済体制の調査を実施していた。同時に大隈内閣は参戦諸国からの軍需品の膨大な注文に充分対応しきれない状況が顕在化するにつれ、日本経済の重化学工業化促進の経済政策を打ち出す。[*21]すなわち、日本経済の重化学工業化策の一環として、化学工業調査会（一九一四年一一月）、経済調査会（一九一六年四月）、製鉄業調査会（同年五月）などの相次ぐ設置や、染料医薬品製造奨励法（一九一五年三月）などの制定は、その具体策であった。

一九一六（大正五）年四月二九日、重化学工業化策の一環として、大隈首相は経済調査会第一回総会で、次のような訓示を行なっている。すなわち、「此欧州大乱に因て日本の受けた利益は随分大なるものである。其中最も大なるものは軍需品の注文であります。日本に製造力さへ有れば、或は容易く原料品を得る事さへ出来れば、今日の三倍でも五倍でも供給する事が出来るのであります。（中略）此の軍需品の供給は実に大なる利を得るものである」[*22]と。ここにおいて、大隈首相は重化学工業化促進の理由を、大量の軍需品注文に耐え得る経済構造への質的転換に求めたのであり、そのためには「官民相俟つて戦後の日本の産業の発展、経済の発展を図りたいと希ふ次第でありま す」[*23]と結んでいた。

それでこの間の経緯を記せば、総力戦状況のなかで、自国の兵器生産だけでは戦争継続が不可能となっていたロシアを筆頭に、ヨーロッパの参戦諸国は、日本に武器輸出を要請するに至っていた。これに応えるため、日本政府は東京と大阪の砲兵工廠の生産力増加のため、運転資本の増加を帝国議会に提案していた。いわゆる、「東京砲兵工廠大阪歩兵工廠ノ据置運転資本増加ニ関スル法律案」である。一九一五（大正四）年一二月二二日、その趣旨説明を担った当時の陸軍大臣岡市之助は、「今回ノ欧羅巴ノ戦乱ノ需要ニ対シテハ、其需要ト言フモノハ非常ナモノデ、ソレデ日本ニ注文シテ参リマス注文トテモ、吾々ガ夢ダニモ考ヘテ居ラナカッタヤウナ数量デゴザイマス。サテ此ノ沢山の需要ヲ充シ得ルカト云フト、是ハ決シテ充シ得ルコトハ出来マセヌ」[*24]と現実を赤裸々に述べていた。とりわけロシアからの武器注文は膨大であり、その受注量は当該期日本の武器生産能力を遥かに超えるものであった。[25] 因みに、大戦中における対ロシア輸出総額は、実に一億八九六一万円に達していたのである。[26]

一方、海軍も武器輸出を当該期に活発に行っていた。これに関連して、一九一七（大正六）年三月四日、第四〇回衆議院決算委員会の場で古屋久綱議員から、「海軍ハ総高ドレ丈ヲ連合国ニ御売渡シニナッタノデアリマスカ」との質問に、当時海軍省経理局長であった志佐勝は、「海軍省ニ於テ与国ニ譲渡シマシタル所ノ兵器ノ価格ハ二千六百万円ニナッテ居リマス」と答え、併せて「海軍省ト与国ノ関係ニ於テ授受ヲ致シテ、其ノ間ニ仲介者ヲ挿ンデ居リマセヌ」（傍点引用者）[27]とも発言している。二六〇〇万円は相当な額だが、陸軍における泰平組合のような武器輸出商社は介在していないことを仄めかしている。しかも、その売渡代金は陸軍と異なり、国庫に納めているとしていた。

ロシアからの武器注文に象徴されるように、ＷＷＩで明らかとなった総力戦に備えるためには、国内軍需工業の充実は、ヨーロッパの主戦場に派遣された参戦武官からも強く要請されるに至っていた。それで軍需工業動員体制構築の要請は、軍部にとって緊急検討課題となった。ＷＷＩは、それまでの戦争形態を遥かに凌駕する戦争資源を必要とした。参戦諸国は、これを総力戦という戦争形態の本格的開始期と捉え、総力戦認識の徹底と総力戦体制構築に取り組み始めていた。[28] 日本もその一環として、国内外の武器注文に対応可能な軍需工業の民営化をも含め、法整備を急ぐことになったのである。[29]

軍需工業動員体制とは、従来の軍工廠を中心とする生産・補給体制と現存物資および人員徴発・

徴用を目的とした徴発令（一八八二年八月制定）体制に加え、平・戦両時にわたり、大量の軍需品生産を可能とする工業動員体制の確立を基本的要件とするものであった。それで軍需工業動員体制構築の担い手は、単に陸・海軍や財界に留まらず、官僚・政党・学界等の諸勢力全体となるはずであった。その意味でＷＷＩは、軍需工業の拡充や戦後の経済経営の在り様まで、大きな影響力を与えることになった。そこでは政府・財界・官僚・政党などが一丸となり、来るべき将来の総力戦に備えることが共通課題として強く意識されることになったのである。

より具体的には、航空機・潜水艦・戦車・毒ガスなど近代兵器の登場や膨大な弾薬や燃料の消耗などは、国内工業の重化学工業化へと向かわせた。しかし、財界は最初から軍需工業の拡充に積極的でもなかった。将来、重化学工業部門で欧米と競いつつ、アジア市場に進出する思惑を秘めていた財界ではあったが、それによって如何なる利益が確保可能かは、必ずしも確たる成算があったわけではなかったからである。

陸・海軍と財界は、その過程で軍需工業動員政策をめぐり、競合・対立の様相を呈しながらも、総力戦段階に対応する軍需工業動員体制の構築を共有可能な達成目標としていった。そして、最終的には陸・海軍との調整が図られ、協調を基軸とする関係に入っていく。それは大戦末期から、軍需工業動員法の制定を一つの頂点として、軍部と財界との間では、相当程度の合意が形成されていたのである。換言すれば、軍需工業動員をめぐり、軍財の双方がそれぞれの思惑を抱きつつも、相互補完的あるいは相互協力的な関係に入らざるを得ない状況となっていたということである。[*30]

総力戦段階における陸軍の緊急課題は、軍需品（砲弾・火薬・兵器・糧秣・衣服等）の大量消費に耐え得る軍需品生産体制を確立することであった。それこそが総力戦での戦勝の必須の条件であることを、陸軍は参戦諸国の戦時経済・政治体制の調査・研究から教訓としていたのである。それで陸軍は、大戦勃発の翌年の一九一五（大正四）年一二月二七日、陸軍省内に臨時軍事調査委員会（委員長菅野尚一）を設置し、ヨーロッパ参戦諸国の戦時国内動員体制の調査・研究と日本国内の軍需品生産能力の実態把握に乗り出すことになる。[*31]

「兵器独立」と「官民合同」

各種調査機関の成果を踏まえた当該期陸軍の軍需工業動員体制構想は、臨時軍事調査委員会作成の『工業動員要綱』にほぼ集約されている。そのなかで「工業動員ノ眼目」として五項目が掲げられたが、その五項目目には、「平戦時ニ亙リ完全ナル兵器独立ヲ図ル為、基本原料就中鉄及石炭ノ資源を確保シ、尚官民共同自給策ノ考究及普及[*32]」することが肝要だとしている。「兵器独立」に関して、歴代日本の陸海軍は軍艦から小銃に至るまで外国兵器への依存率が高く、一貫して懸案となっていた。完全な〝兵器独立国〟となるため、必須の条件としての「兵器独立」、すなわち武器生産の自立化は、至極当然とする考えがあったからである。同時に「兵器独立」による武器生産技術の確保は、軍拡の実現に直結する課題でもあった。その意味でも工業動員は、日本経済の軍事化、つまり、国防を中軸に居えた経済構造（＝国防経済）への転換を図ること、国防経済の運営は「最高統帥部」の指揮命令による各行政機関の一元的支配の確立及び武器生産の自立化、資源確保を目標とする官民共同自給策の準備等により進められるものであること、軍需品の必要量を概算していくなかで達成が可能であることなどとした。

この構想は陸軍だけでなく、文字通り国家の総力を挙げることによって達成されるものとされていた。それゆえ陸軍は他の諸機関、諸勢力にもこの構想への支持・協力を求め、積極的な動きを見せるのである。陸軍は当面の現実的課題として取り敢えず、軍需品生産能力水準の調査・把握を一層徹底させる目的で、一九一八（大正七）年一月、臨時軍事調査委員会を設置する。

ところで軍需工業動員体制整備に不可欠な課題として軍需品生産部門の底辺拡大があった。大戦期までの軍需工業は、陸・海軍工廠を主軸とする官営工場を生産拠点としており、民間工場・企業への生産委託は極めて少量であった。その理由には、軍需工業の民間産業・技術の低位水準、兵器製造技術移転の困難さなどが考えられる。しかし、大戦の教訓は、より高度な武器・弾薬の生産技術の国家的規模での発展と、それらの大量生産・大量備蓄の緊要性を示唆していた。陸海軍は官民合同による総力戦体制の重要性を、大戦参加諸国の軍需工業動員の実態調査・研究から充分に認識していたのである。

すなわち、一九一七（大正六）年三月二六日、吉田豊彦大佐は、内閣経済調査課産業第二号提案特別委員会の席上、「軍事上ノ見地ヨリ器械工業ニ対スル希望ニ就テ」と題する講演で、「我国ノ工業ノ現状ヲ観察スルニ及ビマシテ、我軍事工業ト民間工業トガ如何ナル連繋ヲ確保シタナラバ、克ク国防ト産業トノ調和点、語ヲ換ヘテ言ヒマスレバ、此軍事工業ト民間工業トノ相関点ヲ発見スルコトガ出来ルカ、又軍事上ノ要求ニ如何ニスレバ順応スルコトガ出来ルカト云フコトニ就キマシテハ、官民共ニ全力ヲ傾注シテ、周密ナル研究ヲ遂ゲルコトガ最モ必要ナリト信ズルノデアリマス」[*33]

する、という認識があったからである。

吉田はこの一年後に、「兵器の製造の困難にして且つ平時と戦時との需要率と云ふものが、平時に於ては想像し得られぬ程夥しきものであるが故に、此に於ては兵器民営化促進を聞くに至ったのである」[*34]と記している。兵器民営化の促進が将来生起するであろう総力戦への対応策であり、日本工業生産能力水準の向上には、平時から民間工場と官営工場との連携、技術協力、共同開発・研究が必要であることを説いたのであった。

陸軍省兵器局にあった陸軍砲兵少佐鈴村吉一も、同様の見解に立ちつつ、「工業動員ノ第一要義ハ、民間工場ト政府トノ関係ヲ律スルコト、即チ是ナリ」[*35]と吉田とほぼ同様の見解を記していた。広範な軍需工業動員の実施には、民間工場の軍需生産能力向上が必要だとしたのである。その際には、民間工場への政府権限による生産管理・統制・徴発の体制の確立を諸前提とすべきだとした。これは軍需工業動員法に、そのまま反映されることになる。これ以後、同法制定後の主要な課題が、官民合同の実現を目標とする体制整備にあったことを明らかにした見解が目立っていく。

例えば、総力戦段階について、陸軍砲兵中佐近藤兵三郎は、「兵器ノ一部ヲ平時ヨリ民営ニ附スルガ如キハ最モ緊要時ナルガ、之ガ為メ第一ニ起ルベキ問題ハ、之ガ経営、指導ニ任スル恰好ノ人物ヲ民間ニ得ルコト至難ナル一事ナリ」[*36]と述べ、兵器民営化を実行する際、懸案とされた民間工場における兵器生産技術の低位性克服に向け、陸・海軍から技術者を出向させる処置を提唱した。ここには軍需工業動員実施には、軍・財双方の技術協力が不可欠とする考えが明らかにされていたのである。

一方、海軍も官民合同あるいは兵器民営化に、強い関心を持っていた。例えば、海軍機関中将武田秀雄は、「官民相互に胸襟を開き相椅り相信じて、倶に国防の大義に努めざる限り、動員法例如何に完備するも、其の大目的たる妙境に達するものにあらず」[*37]と述べ、官民協力体制づくりを強調していた。同様の観点からする民営化論には、陰山登（工業之大日本社理事）が、「之を開放して民営に移し、之を経営せむる事を要す」[*38]と述べたように、平時における民間兵器生産技術の向上と、生産体制の確立を説く有力者が少なくなかったのである。

官民合同の一環としての兵器民営化への機運は、軍・財に留まらず、製鉄事業拡充の計画立案者として政府委員を務めた学者の間にも根強いものがあった。例えば、東京帝国大学工科大学教授（造兵学・第一講座担当）で製鉄業調査委員会委員でもあった大河内正敏は、「兵器の民営ということは、今少しく国民の生命に触れた国家其者の存亡安危に関する真乎国防上の重大問題であるということを悟らねばならぬ」[*39]と述べ、財界人の説いた重化学工業発展の促進を契機とし、兵器民営化の根本要因を国防の充実に置く必要を説いていた。

それは、兵器民営化の目標とその内容は、国防の充実と言う国家的かつ軍事的考慮から規定されるべき性質のものであって、資本家的な利益追求を第一義とするものではない、とする見解であった。逓信次官内田嘉吉も、「国民の戦争であるが故に、国民は自ら進んで必要なる軍需品の製造供給に当る責任を負う可きである」[*40]と述べて、総力戦段階における国民的課題としても位置づけるべきだとしていた。

以上、軍需工業動員体制構築過程において、軍・財間の争点となるべき自給自足問題、資源問題、官民合同問題については、当該期日本の政治経済構造に規定されつつも、いずれも軍財官の間において一致点を見出していく可能性が大きかったのである。軍需工業動員法制定は、実にその法的表現であった。[*41] そして、時代は若干前後するが、多様な議論を踏まえつつ、軍需工業体制の確立が希求された歴史的背景として、何よりもWWI前後期からする武器生産と武器輸出への対応が緊急の政策課題となっていた国内外の時代状況にあったのである。

2　第一次世界大戦前後期の武器輸出問題――泰平組合の役割――

武器輸出への対応

大隈首相が懸念した「軍需品の注文」への対応については、WWIに先立つ日露戦争以後においても同様の状況が既に出現していた。当該期においては、特に辛亥革命前後は、中国が武器輸出市場として着目されており、日本政府も果敢に武器輸出の体制構築に腐心していた。そこで日露戦争終結の三年後にあたる一九〇八（明治四一）年六月四日付で、当時の陸軍大臣寺内正毅の命令により、それまで主に中国市場を対象に武器輸出において競合状態にあった合資会社高田商会、合名会社大倉組、合名会社三井物産に命じて合同して泰平組合を設立し、武器輸出事業を担わせることになった。日露戦争の最中、日本の武器生産は東京・大阪などの軍工廠の規模拡大によって充当してきたが、戦争終結により飽和状態となっていた武器の生産と備蓄を保守し、同時に砲兵工廠の運転資金をも確保する目的で、主に中国やタイを武器輸出市場として位置づけていたのである。

そのことを示すものとして、外務省史料である「泰平組合ニ関スル件」（大正一四年四月一日、森島）には、「諸外国ニ対スル武器輸出ノ目的ヲ以テ」設立されたと明記していると。[42] そして同組合は、その後大正年間の末までに三次にわたり期限延長が繰り返された。各次の契約は全て陸軍大臣の命令条件に従って締結されたことから、泰平組合が事実上日本陸軍の〝御雇組織〟そのものであったことが判る。日本の武器輸出事業が日本陸軍の統制下に置かれたのである。また、同史料には特に第二次契約時、寺内内閣による中国の段祺瑞（トワンチールイ）政権への援助政策を背景に、「大正六年年末乃至同八年春迄ニ約三千万円ノ武器ヲ供給シタル」[43]と記されているが、WWI終了後には武器輸出額の減少が顕在化していく。当時、寺内内閣の段祺瑞政権支援政策は、武器輸出の増加という形で表れている。武器輸出額の増減は、その意味で対象国との外交関係の実態を可視化するものであり、そのこと自体が武器移転史研究の重要なアプローチともなろう。

昭和期に入り、泰平組合の継続に関しては、陸軍側と組合側とのやりとりが連綿と続いている。例えば、「泰平組合継続ニ関スル件」（密受第四〇八号　受領昭和五年六月一八日）には、泰平組合の三井物産株式会社代表取締役社長三井守之助と、合名会社大倉組頭取大倉喜七郎の連名で陸軍省に対し、「御願」[44]が提出されている。昭和期に入り武器輸出総額の減少が影響しているのか、泰平組合に参加する商社の増加が期待できない状況のなかで、それでも継続依頼を申し出ている恰好となっている。文面上は泰平組合側の「御願」の形式を踏んではいるが、額面通りとは受け取れない。武器輸出政策を進めたい陸軍側の意向が背景にあったことは言うまでも無い。それを証明する素材として、同日付で陸軍省兵器局が示した「泰平組合更改ニ関スル件」のなかに「意見」[*45]とする項目がある。そこには、泰平組合の現状に強い危機感を示す文言があった。政党政治が勢いを得て軍部批判を展開し、世論にも軍縮を求める機運が醸成されもしていた状況下である。この時点で現状を打破するためにも、陸軍内では兵器局を中心に泰平組合に代わる新組織設立が検討され始めていた。加えて、その文面からは武器輸出商社の梃入れ策として、より徹底した陸軍の統制を必要とする意志が示されていた。

新組織の設立を求める背景には、陸軍当局の泰平組合への不満も存在していた。それは外国からの兵器の注文様式にも原因があるとしながらも、「組合ガ注文引受後一ヶ年以内ニ引渡ヲ完了セルモノ殆ンドナク、数ヶ年ニ亘(わた)ルモノ多シ」(「泰平組合更改ニ関スル説明参考」[*46])と指摘していることからも窺える。その実例として、「支那ニ払下タル兵器」である三式歩兵銃と銃剣が、注文開始から引渡完了まで、一ヶ年四ヶ月、タイに至っては、制式銃と実包の輸出が注文開始から引渡まで四ヶ年も要した、と記録している。他国との武器輸出競争の観点からも、こうした遅延の事態は、陸軍当局にとって深刻な問題と捉えていたのである。

しかし、新組織の設立まで一気に事を進める状況下でもなかった。それは徹底した陸軍による統制という強硬政策が、実際に効果を発揮するのかどうかについて、陸軍側でも確信を持てなかったからである。一九三〇(昭和五)年六月二一日付で陸軍副官から陸軍造兵廠長官への通牒「泰平組合継続ニ関スル件」では、期限の切れる同日から、向こう一年間以内の継続を承認する旨の記載がある。同史料の「外国ヘ兵器売込ニ関スル件」（昭和五年六月一九日、銃砲課）[47]には、六点にわたり継続理由が示されている。改めて武器輸出商社の役割が何処にあるのかを確認する旨の内容である。特に英仏を中心に武器輸出諸国が対中国向けの武器輸出の動きを活発化させており、それに遅れをとらないためにも、武器輸出政策の充実が不可欠とし、そのため泰平組合に参入する商社の増加を期待している旨が明記されていた。[48]

満州事変勃発の前年に示された同文書からは、当該期における軍縮を求める世論の一方で、武器輸出に実績を挙げるための政策が押し進められていたことを窺わせる。そこには、軍縮世論に抗うように、武器輸出による中国への影響力浸透と国内武器生産体制の強化を図ろうとする意図が透けて見える。とりわけ、日本陸軍には、軍縮世論に後押しされた民政党内閣の反軍姿勢への反発が蓄積されつつあり、それが国外クーデターとも言える満州事変を呼び込み、同時に軍拡路線へと舵を切るための措置として、こうした武器輸出政策の梃入れが進行していたと考えられる。

次に主要各国の武器輸出の実態について概観しておく。一九三五年一月に外務省調査部第二課が作成した「武器輸出禁止問題」（外務省調査部第二課作成）[49]に示された数字を引用する。一九三〇年における世界の軍需工業生産高は、イギリスを筆頭に上位一〇カ国で世界の輸出総額の九割を占めるとしていた。以下、順位と占有率を示す。第一位イギリス三〇・八%、第二位フランス一二・九%、第三位アメリカ一一・七%、第四位チェコ九・六%、第五位スウェーデン七・八%、第六位イタリア六・八%、第七位オランダ五・四%、第八位ベルギー四・四%、第九位デンマーク一・九%、第一〇位日本一・九%となっている。ここで明らかなように世界第一〇位の位置にあった日本の占有率は世界の二%にも満たなかった。このことは、依然として日本の軍需工業生産能力の低位性を示すものであり、そのことが特に日本陸軍をして武器輸出増加を軍需工業の活性化に繋げたい、とする要求を強く意識させる理由ともなっていたと推察される。

満州事変前後期日本海軍の武器輸入

満州事変前後期における武器輸出入問題を整理していくなかで、従来の研究では殆ど取り上げられなかった日本海軍の武器輸入の実態を最初に紹介しておく。当該期の日本が如何なる内容の武器輸入を実施していかを知るうえでは、「米国ノ武器輸出禁止ニ関スル件」(昭和八年三月一三日付　海軍艦政本部総務部第二課)[*50]の史料が参考となる。そこには、日本海軍が行った武器輸入の実数が様々なバージョンで記載されている。そのうちのいくつかを以下に引用しておく。

先ず、一九三〇(昭和五)年度、一九三一(昭和六)年度、一九三二(昭和七)年度の三年間における武器輸入相手国と購入額を示しておく。以下、各年度の輸入総額、上位三国名と取り扱い件数(　)及び金額である。一九三〇年度は、合計額は二四一万二六七〇円で、イギリス(二二)二二七万三九六三円、スイス(三)三万五九一八円、ドイツ(四)二万一九九九円の順、一九三一年度の総額二二四万六六五六円で、イギリス(一八)一二二万六六三七円、フランス(六)八二万七九四円、アメリカ(九)八万七四八四円の順、一九三二年度の総額は七一〇万四〇四一円でフランス(一一)三〇九万八六九円、イギリス(一六)一三一万一七二八円、ドイツ(一一)一三九万二二〇四円の順である。

満州事変以後、戦線の拡大に伴う武器弾薬の使用量の増大に比例し、輸入額が急激に増えている現実が数字で読み取れる。主な輸入相手国がイギリスとフランスであり、満州事変の翌年に輸入額でフランスがイギリスを上回っている意味は、満州事変を引き起こした日本への対応の姿勢が、輸入額にも反映されていると解釈可能である。つまり、満州事変にはイギリスとフランスを代表とする国際連盟常任理事国である両国とも厳しい姿勢で臨み、特にイギリスのリットン卿を中心とする、所謂リットン調査団の調査報告自体は日本に融和的な内容であったが、イギリスはフランス以上に対日警戒感が強かったことも、結果的に武器輸入額で一九三二年度にフランスが最上位となった原因と推察される。この点にも武器輸出入が当該期における武器輸出対象国との政治関係によって左右されることを示している。

次に武器輸入品目の実例を紹介しておく。その一例として、一九三一年度にイギリスから輸入した日本海軍使用の武器の種類を以下に記しておく。（ ）は数量、以下の数字は価格（円）である。[*51]

留式七粍（ミリ）七機銃（三挺）	五四一八
留式七粍七旋回機銃（一〇七挺）	一四万七四六五
航空用パーンヤ機銃（二挺）	三三五八
毘式七粍七機銃（七〇挺）	一三万六二九三
同用普通弾薬包（三五〇万八〇〇〇）	一七万四五一九
同用曳跟（えいこう）弾薬包（四〇万二〇〇〇）	四万九七七一

品目	金額
毘式一二・〇粍機銃（二三挺）	一六万九六〇五
同用普通弾薬包（五万五〇〇〇個）	二万六〇〇
同用曳跟弾薬包（五〇〇〇個）	四〇三九
同式四〇・〇粍機銃（一〇挺）	二二万二三四六
同用普通弾薬包（六五〇〇個）	七万二一二三
同用曳跟弾薬包（三五〇〇個）	三万一二九三
投射銃（肩当式）（三五挺）	八〇八一
カーデンロイド軽戦車（六台）	六万一四六八
毘式C・T・A　一〇粍銅板（四〇噸）	五万一六三四
高声電話機（九個）	九四七
ラウダーフオン（一組）	一〇三四

これらの合計額が一二二万六六五七円と記されている。こうした武器内容から、当時の日本海軍が如何なる武器輸入に主眼を置いていたかが判る。なお、これら武器輸入は日本海軍が発注したものであり、泰平組合や昭和通商が関わっていたとは思われない。この点については後述する。

同史料からもう一つの史料を引用する。「昭和六年度外国武器」から、国別輸入額で多い順に挙げておく。第一位イギリス（一二五万三七一三円）、第二位フランス（八二万二八八一円）、第三位アメリカ（二〇万九二四五円）、第四位ドイツ（一〇万一〇二一円）、第五位スウェーデン（五万三八三九円）、第六位イタリア（二万八〇〇〇円）、第七位スイス（五六二六円）で、合計額が二四七万四三二五円と記録されている。先に挙げた史料との数値が若干異なるが、ほぼ同数となっていることから、武器輸入額は概ね実態を示した数字と判断して良いであろう。

武器の内容は、銃機及び機銃弾、拳銃及び拳銃弾、計器、飛行機部分品等となっている。[*52] 武器の種別及び金額では、一九三〇年度の数字だが、銃機及び機銃弾が約一〇五万円、主砲弾丸が五〇万円、機雷が二七万円、飛行機用部分品及び計器が約四〇万円、その他が約五八万円の合計で約二八〇万円となっている。[*53] 輸入額だけを見ても、満州事変勃発までのイギリスの位置が極めて大きかった。イギリスは当該期における世界最大の武器輸出国であり、その武器輸出を通して相手国との経済的かつ軍事的関係の強化を図ることで、覇権主義の徹底化と国際秩序の主導者としての位置を占めていたのである。武器輸出は、その意味で国家の意志と方向性を示す可視的な政治行為であった。

そうした欧米の姿勢について、外務省は「満洲事変ニ際シ各国武器輸出取締関係雑件[*54]」を纏めていた。そこには例えば、武器輸出大国イギリスが満州事変の翌年以降、如何なる武器輸出入政策を示していくのかの一端を記録している。例えば、「英国政府ノ日支両国ニ対スル武器輸出ノ解除」の項に於いて、「英国政府ガ二月二十七日、日支両国ニ対スル武器禁輸ヲ輸出ノ解除ヲ声明シタルニ対シテハ、英国諸新聞中ニハ政府ノ措置ニ対シ賛意ヲ表スルモノアリタルモ、多数ノ新聞ハ其効果スクナキコト、日支両国ヲ同等ニ取扱フコトノ不公平ナルコト等ヲ理由トシテ之ニ反対ノ評論ヲ掲ケタリ。其ノ主ナルモノ左ノ如シ[*55]」として、『ロンドン・タイムス』（一九三三年二月二八日付）、

『デーリー・エキスプレス』（同）、『モーニング・ポスト』（同）、『マンチェスター・ガーディアン』（同）、『デーリー・テレグラフ』（三月三日付）、『イブニング・スタンダード』（三月三日付）、『デーリー・メイル』（三月四日付）の各紙の論調を紹介している。

例えば、『ロンドン・タイムス』では、「被害国タル支那ニ対シ、日本ト同等ノ取扱ヲ為スハ、不公平ナリト言フ点ニアルモ、右ノ点ニ関シ外相ガ目下単独ニテ行動シツツアル英国ニ取リテハ、交戦者ニ区別ヲ設クルコトハ実際上困難ナリト諭セルハ至極尤モナリ」と述べ、戦争当事国の片方に加担することの非合理性を説く論調を紹介していた。

また、『デーリー・エキスプレス』（二月二八日付）では、「吾人ハ戦争ヲ嫌悪スル点ニ於テ人後ニ落ツルモノニ非ザルモ、武器ノ禁輸カ戦争ヲ終結セシムモノトハ考フルコト能ハズ。如何ナル武器禁輸協定ヲ成立セシムルモ、日支間ノ紛争ヲ止ムルコトハ能ハザル可シ。政府ノ禁輸政策ノ唯一ノ影響ハ英国ノ失業者ニ更ニ一段ノ失業者ヲ増加スルコトトナルノミ」として、結局のところ禁輸政策が失業者の増加に結果するとして、イギリス国民の経済生活への影響の観点からの反対論を展開していたとする。

このイギリス政府が一時期採用した武器輸出禁止に同国のメディアは押し並べて批判的であり、なかには日英友好関係にも悪影響を与えるものとする論調のものもあった。

こうしたイギリス国内世論の動きを受けてか、イギリス政府は武器移転問題については融和的な姿勢を採ることになった。同外務省史料の「二、英国政府ノ武器禁輸声明事情」にも、イギリスにおける各新聞の報道内容とほぼ同一の説明がなされている。要するに、一時武器輸出禁止措置を採ったのは、武器輸出反対運動への一種の「ジェスチャー」だとし、イギリス政府の本音としては、「日支双方ニ対スル友好関係ヲ傷ケズ、又如何ナル場合ニ於テモ紛争ノ渦中ニ巻込マザルコトハ、飽迄之ヲ避クル方針ナル旨」[*56]としていた。要するに、紛争に巻き込まれず、武器輸出による利益確保と失業者対策との両方にとって有益とする判断を示していたのである。

3 昭和通商の役割と日本陸軍

昭和通商の創設

第一次世界大戦の期間中、泰平組合はイギリスやロシアに向け、一〇〇〇万挺を超える小銃を輸出した実績を残した。しかし、武器輸出額の減少傾向が顕在化すると高田商会が脱会し、それと交代するかのように航空機や装甲車両の製造を担っていた三菱重工業を傘下にもつ三菱商事が加入した。これを機会に高田商会は、昭和通商と名称変更する。昭和通商(正式名称は、昭和通商株式会社)は、一九三九(昭和一四)年四月二〇日、陸軍省軍事課長岩畔豪雄大佐の肝いりで設立された。泰平組合と異なり、業務上の指揮監督権や人事権まで全てにわたり陸軍省が掌握し、文字通り陸軍省直下の武器輸出商社としての性格を一層強めていた。

「昭和通商株式会社ニ関スル件」によると、陸軍は昭和通商の役割を徹底するために、積極果敢に海外への武器輸出を促す通達を発している。その一例として、陸軍大臣板垣征四郎は、一九三九

（昭和一四）年七月二七日付で、「昭和通商株式会社ニ与フル訓令」を関係各部隊に通牒した。そこには、「現下ノ時局ニ鑑ミ本邦製兵器ノ市場ヲ積極的ニ海外ニ開拓シ、以テ此種重工業力ノ維持並健全ナル発達ヲ遂ケシムル」[*57]ためと昭和通商設立の目的を明確にしていた。

そこには、泰平組合の役割期待と同質の目的が示されてはいたが、泰平組合がある程度組合構成員の自主性に委ねられていた点と比べ、主に陸軍の思惑が前面に出ている点が異なる。一九三〇年代から一九四〇年代という時代の相違性もあろう。軍需産業を支える重工業の安定的な運営のためには、武器輸出先の持続的確保を不可欠とする認識が明瞭にされていたのである。

昭和通商の業務内容については、同史料に収められた「覚書」に詳しい。そこには、「本会社ノ営ムヘキ業務ノ範囲」として、⑴兵器及兵器部品並軍需品ノ輸出、⑵同右ノ輸入、⑶特殊原材料及機械類ノ輸出入、を挙げていた。[*58]また、ここで注目したいのは、陸軍が昭和通商に付与する便益として、「3．兵器及原品類ノ販路開拓為陸軍ハ事情ノ許ス限リ、積極的ニ優秀品ノ払下ヲ辞セサル外、相手国ノ希望ニヨリテハ事情ノ許ス限リ、制式品以外ノモノノ製造ニ関シテモ協力ヲ与フルモノトス」[*59]の項目である。陸軍が武器輸出に関し、極めて積極的かつ攻勢的な姿勢が露骨でさえある。要するに兵器購入の機会について、只管（ひたすら）に注文を待つだけでなく、兵器の売り付けと武器使用のための指導官を派遣するというのである。泰平組合との違いがここに浮き彫りにされている。

中国とタイへの武器輸出

先ず中国への武器輸出の実例を示す史料から見ておきたい。例えば、「官房機密第一三六四号航空兵器輸出ニ関スル件」（仰裁（ぎょうさい）　昭和一〇年六月五日決裁）には、中国をはじめとして、航空機購入希望の申し出があることを踏まえ、以下の見解が記されている。特に重要と思われる三項目を引用する。

一、最近別紙オ一、オ二ノ如ク中華民国其ノ他ヨリ軍用機購入ノ希望申出アリ。
二、我国ニ於テハ飛行機ノ需要ガ殆ド軍部ニ限ラレ、海外ハ勿論国内ニ於テモ其ノ需要ナキトキハ、工業力維持ノ上ニ多大ノ不安アリ。延（ひい）テハ戦時動員計画ニモ欠陥ヲ生ズルノミナラズ、一方機材ノ単価ヲ高メ、又飛行機制作技術ノ進歩ヲ阻害スル主要原因ナリ。之等ノ不利ヲ除ク為ニハ、速ニ飛行機ノ販路ヲ海外ニ求ムルノ要アリ。
三、中華民国ニ対シテハ、各国競テ飛行機ノ売込ニ努メツツアルニ鑑ミ、日支外交好転ノ徴アル今日、我国トシテモ先ヅ一石ヲ投ジ置ク要アリ。[*60]

この時点でも航空兵器の輸出理由として航空機産業の活性化のためにも販路を海外に求め、それが同時に戦時動員計画遂行の円滑化と、航空機開発技術の向上にも結果すると明快な判断を示していた。また、中国が各国からの輸出相手先として競合状態となっており、同国への航空機輸出を媒介とする影響力確保の面からも、必要不可欠な武器輸出政策との認識を示していた。

一九四〇（昭和一五）年一〇月三一日、昭和通商株式会社起草の「航空兵器輸出ニ関スル件[*61]」には、タイへの航空機輸出の一例として以下の実例がある。先ず、昭和通商の専務取締役堀三也の名で陸軍大臣東條英機宛に「航空兵器輸出許可御願」（昭和五年一〇月一九日付）が提出されている。その内容は以下の通りである。

一、九七式軽爆撃機完全装備（武装不含）　全機用所要機材共　二四台
一、八九式固定機関銃　二四挺
一、八九式旋回機関銃　二四挺
一、八九式旋回固定機関銃　九二式焼夷実包挿弾子、紙函共　一〇〇、〇〇〇発
八九式旋回固定機関銃　九二式徹甲実包挿弾子、紙函共　三〇〇、〇〇〇発
一、八九式固定機関銃保弾子　二五、〇〇〇個
一、五十瓩(キロ)型投下爆弾　二、〇〇〇個
右之通リ泰国政府向輸出致度候間、何卒御許可可被成下度此段奉願上候也

この「御願」に対し、同年同日付において副官名で昭和通商側に許可する旨の通牒が通達され、同時に副官より陸軍航空本部長にその旨が伝達されている。書類上のやり取りだが、陸軍側と昭和通商側との連携ぶりを示す記録である。

日本の中立国であったタイへの航空機輸出は、対英米蘭戦争開始後も一定程度継続された。例えば、一九四二（昭和一七）年四月九日に陸軍航空本部第二部が起草した「泰国へ譲渡ノ飛行機組立作業援助ニ関スル件」には、陸軍次官から南方軍総参謀長宛の電文として、「泰国譲渡中ノ九九式

高等練習機九機（内六機三月十四日ノ朝昭和丸ニテ発送済、残三機近ク発送予定）ノ組立作業ヲ昭和通商株式会社（盤谷支店）ト連絡ノ上援助セラレ度」[*62]なる内容が記されていた。

航空機を含めた武器輸出の目的として、平時における軍需生産体制の安定化と軍事技術の向上確保があることは、多くの記録で明らかであるが、この史料もその実態を示している。航空機輸出として、中国を相手とする以前から、タイが有力な輸出相手先と見積もられていたことは先に述べた通りである。

一九四〇年一〇月一四日付の「起草者　兵器局銃砲課　兵器売込ニ関スル件」には、「泰国親善使節一行軍需工業視察中、プロム大臣ノ言ニヨレバ兵器購買ハ帝国ニ依存スルコト確実視サルルヲ持テ、交渉慎重ヲ期サレ度」と記され、タイの実力者であったプロム大臣への接近策が功を奏し、日本の武器輸出の先行きに一定の展望が開けた現状を語っていた。

さらに「泰国兵器輸出ニ関スル件」（一九四〇年一〇月八日、航空本部受付）には、次官より泰国公使館付武官への暗号電報の形で、タイへ三八式歩兵銃、三〇年式銃剣、九六式軽機関銃、一〇両の九五式軽戦車（三十七粍砲装備）、四〇両の九四式軽装甲車（機関銃装備）、他に航空機も空輸で輸出する、との内容である。そこにおいて「輸出価格ニ就テハ、昭和通商ニ示シアル範囲トシ度」としていた。

このように、タイ政府の日本からの武器輸入は極めて積極的であり、そのことを示す史料として、一九四〇（昭和一五）一〇月四日付で、総務部長から泰国公使館附武官宛の「電報」（秘電報第二六二号）には、「泰国ト仏印間ノ状況切迫ニ伴ヒ、泰国ハ目下軍備増強ニ奔走中、泰空軍ハ大至急ニ軽爆撃機二十四、五十瓩爆弾一千個ヲ至急入手シ度。直ニ積出シテクレ。（中略）已ムヲ得ザレバ、其ノ半数ニテモ即時積出シテクレト小官ニ懇請シ来レリ」と記されていた。[63]

タイ政府はフランスを筆頭とする外国勢力から圧力を受けており、中立国の堅持が危ぶまれた状況下にあった。それで、自力で中立堅持のために、インドシナ半島にも触手を伸ばしていた日本からの武器援助に頼らざるを得ない状況にあったのである。タイ政府は指導者プレーク・ピブーンソンクラームの命令で、[64]五〇両に及ぶ軽戦車を至急日本から輸入することとなった。

一九四〇（昭和一五）年一〇月五日付で泰国公使館付武官から総務部長宛「電報」（第二六四号）には、「『ピブン』ハ泰国軍ノ使用兵器ノ補給ヲ、今後全部日本ニ仰グコトヲ決心セルヲ以テ、日本側ニ於テモ商売的見地ヲ離レ、政治的ニ考慮セラレ度」と記され、さらに「国際情勢ノ変転ニ絆ヒ、日、泰ノ軍事提携ハ着々進行シツツアリ。此ノ際我ガ方トシテモ、兵器売却問題ヲ戦略的ニ考慮スル必要アルニ至ル」とする判断を示していた。[65]

それで昭和通商は、如何なる役割を担っていたかを以下の史料から概観しておく。先ず、一九四一年一月一三日付で陸軍次官から泰国大使館付き武官に送付された「昭和通商株式会社利用ニ関スル件」[66]が、その役割の所在を端的に示している。なかでも注目されるのは、「一、泰国ヨリ注文セラルル軍用（民間用ニアリテモ軍用ニ準性質ノモノヲ含ム）兵器似品を昭和以外ノ商社ヲ通シ内地ニ注文セラルル向アルモ、統制上不利ニ付、爾今兵器並ニ兵器類似品ノ取扱ハ、全部昭和通商ヲ通ズル如ク指導ヲセラレ度」の箇所である。

ここではタイに限ってかは不明だが、昭和通商以外の武器輸出商社の存在も窺わせながらも、結局武器輸出商社は陸軍傘下の昭和通商に一本化することが示されている。広範な武器輸出体制を整備し、陸軍の思惑を実行に移すためには、複数の商社を動員するのが合理的とも思われるが、統制上の観点から昭和通商に一本化する旨が明記されていたのである。特に陸軍が傾注していたのが昭和通商を媒介にしての航空機輸出であった。日本陸軍としては次世代の主力兵器として航空機の存在を強く意識しており、航空機生産の高度化・大量生産化への観点から、日本における航空機産業の充実発展のためにも輸出体制の確立が急務と認識されていたのである。[*67]

武器輸出先としてタイに限らず、陸軍はヨーロッパ方面にも触手を伸ばそうとしていた。例えば、一九四〇(昭和一五)年二月七日付で、軍務局軍事課は、陸軍次官から駐在武官宛て電報文で、「『スカンジナビヤ』向ケ再供給ノ処アル兵器輸出ハ、国際情勢ニ鑑ミ差控ヘ度。又『バルカン』向兵器ハ直接取引セシメ度[*68]」と記すように武器輸出が国際問題化しないようにとの慎重姿勢を喚起しながらも、武器輸出策に積極果敢に取り組むように督促している。

そのことを示す一例として、一九四〇年一月一九日付の「軍需品輸出ニ関スル件　軍務局軍務課起草[*69]」には、陸軍省軍務課がイタリア、ドイツ、フランス、イギリス、アメリカ、ソ連、ポーランド、フィンランド、トルコ、ラトビア、ルーマニア、イラン、タイ、ブラジル、メキシコなどに駐在する武官に電報(陸密電)で、「輸出余裕アルモノハ、左記兵器特ニ弾薬トス。追テ輸出ハ昭和通商ヲシテ本年度総額概ネ一億円程度ナリ」と記していることである。これに航空機や戦車などの武器類を加算すれば、相当額の武器輸出が行われていたことになる。[*70]ここで示された「左記兵器」とは、八八式高射砲・九四式対戦車砲、重擲、軽擲、弾薬、他に手榴弾、各種爆弾の類のこと、重擲とは、八九式重擲弾筒のことで、小隊用の軽迫撃砲である。

因みに、一九四〇年度の国家予算は一〇九億八二七五万円、直接軍事費は七九億四七一九万円であった。[*71] 即断は避けねばならないが、戦前期日本の戦争行為の裏側で、一億円規模（直接軍事費の一・二六％）の武器輸出が実行されていたことになる。戦争行為のなかで武器輸出が同時進行していたのである。戦争行為が武器移転、換言すれば武器拡散を常態化していく、一つの証左と言えるであろう。

おわりに——結論と残された課題——

冒頭に挙げた課題設定を受けて、以上の論述により以下の結論を要約しておきたい。

第一に、明治初期から開始されていた日本の武器生産問題は、特に第一次世界大戦（ＷＷⅠ）中におけるロシアを筆頭とする武器輸出要請に十分に対応しきれなかったことが、日本政府及び陸海軍をして、軍需工業動員体制構築の必要性を痛感させたこと。それは官民合同による武器生産問題への取り組みとなって政策化されていったことである。

第二に、武器生産・兵器独立などを担保する軍需工業の民営化が押し進められ、それがまた戦前期日本の武器輸出を活発にしていった。その直接的担い手として泰平組合と昭和通商とが、日本陸軍の統制下に創設されつつも、日本の武器輸出体制を日本敗戦に至るまで担い続けてきたことである。

第三に、日本陸軍統制下に置かれはしたが、あくまで民間商社の自主性が重んじられ、その活動が期待されてきた側面を否定できないことである。それはＷＷＩの教訓から軍の主導性を中心とすれば、新たな総力戦への対応は不十分とする認識が軍の側にあったからである。しかし、一九二〇年代における国際軍縮の動きのなかで、軍主導による軍拡政策の採用を余儀なくされるに至り、そこから武器生産問題における軍の主導性が求められることになったと考えられることである。

第四に、従来の研究では殆ど触れられなかった武器輸入問題から窺えるのは、日本の武器生産技術の相対的低位性を証明する輸入品目内容であった。そこには武器輸入による生産技術の習得と開発、そして生産の向上を図った足跡を看て取れることである。

最後に残された課題にも触れておきたい。昭和通商は軍との一体化路線によって、文字通り「軍拡の利益構造」を担保され、それ以外の選択肢は存在しなかった。欧米の民間軍需工業と異なり、一九三〇年代以降における日本の国際武器輸出ネットワークは脆弱であり、自立的な武器輸出を展開できた欧米の武器輸出商社とは、基本的に埋め難い格差が存在したからである。

但し、一九三〇年代における日本の戦争相手国は基本的に中国であり、それゆえに欧米並みの武器生産と輸出の意向は必ずしも強いものではなかったことも事実である。すなわち、武器水準において、日本より劣位に位置すると判断した中国戦線では歩兵の戦闘力が重視され、戦車や大砲など火力や機動力充実への要求が必ずしも高いものではなかったからである。しかし、その判断が張鼓峰事件（一九三八年）やノモンハン事変（一九三九年）での日本軍の敗北を結果する。さらには、一九四〇年代に入り、高度兵器生産技術を持つイギリスやアメリカを相手とする戦争が予測されるに及び、先の対ソ連戦の教訓をも含め、軍事技術の高度化が急速に求められるに至った。

また、日本陸軍と同様に武器輸出入に乗り出していた日本海軍が、泰平組合や昭和通商に匹敵するような武器商社を自前で持っていた形跡は現時点で発見できていない。海軍の公式見解は、引用した通り「仲介者」は不在と言うことである。本章では武器輸入の実態の一部を示す史料を引用紹介したが、特に一九二〇年代以降、日本海軍の武器輸入の実態と、その担い手については今後の史料調査により明らかにしていきたいと考えている。

第三章

第一次世界大戦後期日本の対ロシア武器輸出の実態と特質

はじめに

本章の課題と分析視角

戦前期日本の武器輸出史における重要な画期は、日露戦争以後の対ロシア向けである。ロシア帝政の時代から革命期を挟む時期において質量の変容は当然あるものの、輸出兵器及び附属品の類は多種にのぼり、輸出額も膨大なものとなった。そのなかでも対ロシア武器輸出が最も活発になったのは、第一次世界大戦勃発の翌年一九一五年から一九一六年にかけてである。同時期、日本はイギリス、フランス、イタリアなどヨーロッパ参戦諸国にも兵器供与・兵器譲渡・兵器払下等の用語で示された武器輸出を行ったが、対ロシア武器輸出は質量とも群を抜いていた。[*1] なお、これらの用語には若干の意味合いの相違もあるが、本章では原則として「武器輸出」の用語を使用する。

本章は、戦前期日本の武器輸出の史的展開を追う作業の一環として、対ロシア武器輸出の問題に絞りつつ、以下の諸点を課題として設定する。

第一に、対ロシア武器輸出の実態を中心に整理するなかで、その輸出理由について歴史背景を探るなかで明らかにすることである。*2 日本政府が官営の軍工廠だけでなく民営工場をも動員し、果敢に武器輸出を行った背景にある外交政治領域における安全保障問題に着目する。対ロシア武器輸出に関する研究は、武器輸出研究で多くの論文を発表してきた芥川哲士の「武器輸出の系譜（承知―第一次大戦期の武器輸出―）」*3 を嚆矢とする。但し、同論文では第一次世界大戦の参戦諸国であるイギリス、フランスなどと合わせて対ロシア武器輸出を追っており、ロシアに特化したものではなく、これら西欧諸国への武器輸出の一部として対ロシア武器輸出を取り扱っている。これに対し、本章では、ロシアに分析の比重を置きながら、日露武器輸出関係の特異性を安全保障問題を中心とする政治外交の領域を踏まえつつ分析するものである。

第二に、第一次世界大戦参戦国であるイギリスやフランス等への武器輸出の実態をも明らかにしていく。そこでは、大戦参戦諸国への武器輸出が対ロシア武器輸出によって大きく左右されていく現実を指摘する。武器輸出政策とは、軍事問題である前に政治外交問題であり、国家の安全保障問題である限り、多国間相互規定関係に注意を払いつつ、武器輸出の力学を解析する必要があろう。

対ロシア武器輸出を論じるうえでは、先行研究としてエドワルド・バールィシェフの一連の論文に着目している。*4 バールィシェフは、第一次世界大戦勃発直後から日露関係が例外的とも言える友好関係を結び、それが事実上「日露同盟」関係となったする。そして、その延長線上に日本の対ロシア武器輸出が実行されたとし、ロシア側の担い手を詳細に論じている。ただ、バールィシェフが強調するような「日露同盟」あるいは「日露兵器同盟」という二国間関係のみで当該期の両国関係を規定していくことは限界があろう。本章は、そうした限界性を克服していくために、複雑化する当該期の国際政治秩序の変容のなかで、所謂政治外交戦略の観点から日本の対ロシア武器輸出の位置を検討するものである。

以上、二つの課題設定は換言すれば、武器輸出問題を外交と内政の両面からも照射する試みでもある。従って紙幅の許す範囲で当該期における政府内の軋轢や対立なども課題に関連する範囲で論じている。なお、片仮名書きの史料を多数引用しているが、読み易くするため適時読点を入れていることをお断りしておきたい。

1　ロシア政府からの武器輸入要請と日本政府の対応

対ロシア武器輸出の背景

日本政府が対ロシア武器輸出を活発に推し進めた背景には、日露戦後に日露同盟論が有力な議論として存在したことが挙げられる。そのなかで日露同盟論を最も積極的に主張していたのは、元老井上馨と陸軍の大御所であった山県有朋であった。その山県は、一九一五年二月二一日付で「日露同盟論」を建議し、「日英同盟のみに由りて将来永く東亜の平和を保持せんとするは恐らく策の全きものに非さるへし、便ち日英同盟の外に更に日露の同盟を締結し、我か目的を達成する所以の手段を完全にするは豈（あ）に今日の急務にあらすや」[*5]と論じていた。結論を少し先取りして言えば、日英同盟を基軸とする日本の政治外交戦略の偏在性を克服する意味からも、山県はロシアとの同盟関係の構築を提示することで、政治外交戦略に多様性を持ち込もうとしたのである。このための手段の一つとして、対ロシア武器輸出政策が徹底されたのである。

確かに、当該期日本の政治外交戦略の基本は、一九〇二年締結の日英同盟であり、日露戦争はこれによって遂行可能であった。大隈重信内閣の外務大臣加藤高明は、長年にわたりイギリスと深い関係を築き、強固な日英同盟論者であった。それで日本政府内では日英同盟維持派と、日露同盟推進派との間に角逐（かくちく）が生じ始めていた。山県もそれゆえに、「日露同盟論」のなかで、「今日は英国も亦我か露国と同盟を歓迎すへく決して之を不快として反対するか如きことなかるへし」[*6]とし、イギリスとの関係を配慮しつつも、イギリスは第一次世界大戦下日本のロシア支援を認めざるを得ないはずだと判断していた。ドイツとの戦争に国力を削がれていたイギリスの立場は、日露同盟を進めていくうえで有利な状況だとしていたのである。

しかし、日本政府内部では、日英同盟と日露同盟を同時に保持しようとする構想への激しい反発が生じていた。日英同盟堅持派からすれば、「日露同盟」が現実に成立することになれば、日英同盟の位置が後退することを危惧したからであろう。それで山県の「日露同盟論」の建議が提出される前日の二月二〇日、この両論を調整するための大隈首相、尾崎行雄法相、大浦兼武内相の連名による施政方針が決定されていた。そのなかで、「今次ノ共同作戦ニ当リ兵器、其外軍需品供給ノ要求ヲ受ケル場合ニハ日英同盟、日仏日露ノ協商ヲシテ其ノ基礎ヲ鞏固ナラシムル精神ニ因リ、之ニ応ズルノ方針ヲ採ルコト[*7]」とした。それは、日露同盟論を念頭に据え置きながらも、現行の日英同盟を厳守しつつ、日本はイギリス、フランス、ロシアと協調しながら、ロシアへの武器輸出を積極的に進めていくとする折衷的な内容となっていた。この四者の確認内容に不満を隠しきれなかった日露同盟論者の井上馨や、体調を崩していた井上の意を受けた望月圭介等は、日露同盟の推進を一段と強く主張し、同時に日英同盟に固執する加藤高明外相への批判を公然と行っていた。

一九一五年九月一日、元老井上馨の病没後、日露同盟論を先導したのは山県有朋であった。その山県は、一九一六年に入ると積極的にロシアとの接触を開始する。特に同年一月一二日、山県は大正天皇の即位祝賀式参列のため訪日したロシア太公ゲオルギー・ミハイロウビッチと面談した後、直ちに石井菊次郎外相とも面談し、ロシア太公の訪日の主要な目的が「兵器問題の如きも其の一なるべしと思料せらるるに付ては、予め之に対すべき相当の手段を講じ置くことを必要なりと信ずるに依り、予が所見を求むる旨を陳ぶ[*8]」と述べていた。

その翌日である一月一三日、ロシア太公は山県の私邸を訪問し、日本の対ロシア武器援助の問題に触れて、「(ロシアが)兵器及軍需品の製造を急ぎつつあるに拘らず、大戦に対し欠乏を感ずること甚だしかりに、日本国は右の事情を諒解せられ出来得る丈け力を尽して兵器及び軍需品を露軍に供給せられ、露軍の行動に至大の援助を与へられたるは露帝及官民一般の感謝に堪えざる所(中略)露帝は尚ほ日本国が将来に於ても過去及現在の如く露国に援助を与へられんことを熱望せらるる所なり[9]」とロシアの実情を語っている。

こうしたロシア側の姿勢に対する山県の特に武器支援に関する基本的な考え方は、日露同盟の締結を志向するも、当面はイギリスとの関係から日露協商締結が合理的とする判断を示しつつ、「日英同盟の関係も存在することなれば英国の意向を確かむるの必要あり、其の上にて直接交渉を開始して可なり、而して小銃其の他軍需品の件は、従来帝国は全力を尽して露国の希望に副はむことを務め居りて、其の状況は斯々（かくかく）の次第なるが、尚ほ将来に付きては信義友情を基礎とせり[10]」と述べていた。

山県は日露戦争後、日本の利権拡大の地であった中国東北地方（満州）における安奉（アンフェン）及び南満州鉄道の延長線として長哈（チャンハー）鉄道の使用管理権をロシアから譲渡されるなどと引き換えに、武器輸出の件では便宜を図る言質を与えつつ、対ロシア交渉を進めていた。「帝国政府は日露現下の関係に一歩を進むるの目的を以て談話を試むることに主義上同意す[11]」とは山県を始め、日露同盟論者に共有可能な認識であり、それは当該期の山県と田中義一のラインにおける強力なロシア支援を示す言葉であった。ただ、ロシア側からの武器輸出要請は膨大であり[12]、それに全て対応するのは不可能としながら、同時に国内の兵器製造能力を向上させることをも通して極力ロシアの要請に応える方針で望むことが合意された。

第一次世界大戦後、連合国側の一員となったロシアは東部戦線においてドイツと対峙するも、経済力及軍事力の点でドイツとの格差は歴然としていた。それでイギリスとフランスは、日本を含め、日英仏露四カ国同盟の締結を模索する。当初イギリスは極東方面におけるロシアと日本との同盟締結が両国の勢力拡大に帰結する可能性を警戒して、日本の対ロシア援助には否定的であった。しかし、ロシアは日本との同盟締結に極めて積極的であった。

例えば、一九一五年七月二八日付の「在英国井上大使ヨリ加藤外務大臣宛」の電報には、「最近復(また)モヤ露国大使ヨリ日露同盟ノ件ニ照会アリタリ、右ハ現在ノ日英同盟ヲ拡張シ日英露同盟トナスカ又ハ仏ヲモ加ヘテ四国同盟トナスカ、孰(いず)レノ方法ナリトモ此際 Permanent political Alliance ヲシタシトノ露国外務大臣ノ考ニテ」と伝えている。[*13]「永久政治同盟」とでも訳可能な"Permanent political Alliance"を提起するほどにロシア政府の積極姿勢の一方で、イギリスは日英同盟格下げの可能性を回避する意味でも、ロシアと日本の動きに警戒的でもあったのである。

大戦勃発の翌年一九一五年初頭より、ロシアからの武器輸入の要請が日本に相次ぐようになる。対ドイツの東部戦線を一手に引き受ける格好となったロシア軍は、兵器装備の不足が露呈しており、それが対ドイツ戦の劣勢を強いられる要因となっていたのである。一九一五年一月七日、ロシア駐日大使ニコライ・マレクスキーは加藤高明外務大臣と会談に臨み、野砲をはじめとする武器購入を強く希望する発言を行った。さらに同月一四日、駐日ロシア大使は再び加藤外相と会談し、大量の小銃を購入したいとした。兵器のなかでもロシア陸軍の基本装備である小銃の配備が決定的に不足している現実にあり、ロシア政府は戦力の顕著な低下に深刻な危機感を抱いていた。

一九一五年一月一四日、ロシア大使は再び外務省を訪問し、加藤外相と面談のなかで小銃の購入を申し入れた。加藤高明外相は、「小銃ノコトハ是迄出来得ル丈ノ繰合セヲ付ケ居リ、此上ハ到底御希望ニ応スルノ余地ナシト思料スルモ、兎ニ角陸軍省へ申通シ置クベシト答ヘラレタルニ、大使ハ新式銃ノ予備トシテ保存シアル分アルヤニ伝聞スル処、其内ヨリ何トカ御差繰(さしくる)ノ方法ナカルヘキヤ」[14]とのロシア大使の強い要請ぶりを伝えている。この間、ロシア大使と加藤高明外相との会談は頻繁に続けられている。

ロシア大使からの度重なる小銃購入の要請について、加藤外相は岡市之助陸相に検討を依頼した。岡陸相は、「三〇年式小銃約十万挺ハ修理ノ上譲渡得ヘキモ、他ニ要求ニ応シ得ヘキモノナキ旨言明致置候ニ付承知置相成度候也」[15]と返答している。因みに、「三〇年式小銃」は口径六・五ミリの日露戦争の主力歩兵銃である。岡陸相は、日露戦争当時の主力歩兵銃で現時点で旧式化している中古小銃を修理して輸出することに同意し、それ以外の新式銃を輸出の対象外としたのである。同時期には、五万挺の小銃を注文してきたイギリスをはじめ、ルーマニアなどからも小銃購入の要請があり、旧式であれ新式であれ、日本陸軍は在庫不足に陥っていた。

そうした状況にも拘わらず、ロシア政府は、一九一五年三月四日、日本政府に小銃三〇万挺の追加購入の要請を行った。加えて、三月三〇日のロシア大使と加藤外相の会談の席上、ロシア大使は、小銃三〇万挺から五〇万挺へと上乗せした数を要請してきた。加藤外相は、「小銃供給ノコトハ予テモ御話通最早帝国政府ニ於テ頗ル難シトスル所ナルガ、カクノ如ク閣下ヨリ厳粛ナル態度ヲ以テ特別ノ詮議ヲ求メラルル以上、今日此座ニ於ケル本大臣ノ答トシテハ兎ニ角陸軍官憲ヘ更ニ協議ヲ試ミ、又内閣ニ於テモ評議スヘキ旨申述フルノ外ナシ」[16]と発言した。日英同盟論者の加藤外相ではあったが、輸出対象の小銃の在庫が厳しい現実を口にしながらも、ロシア政府の要請に全面的に応えようとする姿勢を明らかにしていたのである。

続いて、四月二一日のロシア大使と加藤高明外相との会談で、ロシア本国政府からの強い要請を受けたロシア大使は、「何分ニモ本国政府ヨリ催促頻リニテ、貴国政府へ再度申出ヲ此上猶予セハ、自分ハ最早切腹ニテモセザルベカラサル様ノ立場トナリツツアル付、敢テ御伺致ス次第ナリ」[*17]（傍点引用者）とまで発言する。ロシア側が如何に日本の武器輸出を期待していたかが知れる。これは、戦力の低下により対ドイツ戦敗北を回避したいとするロシア政府の危機感の深刻さを示すものであった。

こうしたロシアの危機感はイギリスやフランス等の参戦諸国も共有するところとなり、イギリス政府は日本政府からの要請もあって、日本からイギリスへの小銃輸出分をロシアに回すことに合意する。このイギリスの判断の理由として、「英国カ露国ニ先口（筆者注：「先口」とは、日本からイギリスへの小銃輸出のこと）ヲ譲リタルハ戦局ノ大勢ニ鑑ミタル結果ナルヘシト思考セラルルニ付、出来得ヘクンバ此際露国政府ノ依頼ニ応スル方可然ト信ス」[*18]と駐ロシア日本大使本野一郎は加藤外相に伝えていた。

確かに大戦勃発の翌年の東部戦線におけるロシアとドイツの交戦状況は、ロシアに不利な状況下にあった。そこで小銃を含めた兵器装備の充実が喫緊の課題となっていたのである。ロシア軍が対ドイツ戦において劣勢にあったことは、一九一五年に入っても改善されることはなく、その帰趨を憂慮した本野大使は、ロシア政府が日本政府に武器購入を切望している段階で、「此ノ時機ニ際シ露国ニ対シ特ニ好意ヲ表シ置クコトハ将来ノ為極メテ有益ト思料セラルルニ付、帝国政府ニ於テ成ルヘク速カニ露国ノ希望ニ応スル様御配慮アランコトヲ請フ」[*19]とする見解を表明していた。

そうした判断や選択は、帝国日本の一体如何なる外交軍事戦略から導きされたものか。これについて本野大使は、一九一五年五月三〇日、加藤高明外相に寄せた電報文でロシアへの武器供与の必要性を以下のように論じている。すなわち、「露軍ニ出来得ル限リ銃砲弾薬ヲ供給スルコトハ即チ我同盟国タル英国ヲ援クルニ異ナラス、戦後ノ形勢ニ関スル帝国政府ノ観察如何ハ之ヲ承知セサルモ、本使ノ見ル所ニテハ今回ノ大戦ニシテテモ勝者モナク敗者モナク、従テ独逸国ノ武力ニ対シ大打撃ヲ加フルコト能ハサルニ於テハ、平和克復後日独関係上帝国ノ地位甚タ危険ナキヲ保シ難ク、故ニ帝国将来ノ為ニ打算スルニ此際英仏露三国ニ十分勝利ヲ得セシムル為、出来得ル限リ援助ヲ与フルヲ以テ帝国ノ義務且利益ナリト信ス」[*20]と。

大使の電報文には、日本政府の対ロシア武器輸出の根本的理由と日本の安全保障戦略の基本点が簡潔に要約されている。すなわち、連合国側の一員として日本の対ロシア武器輸出は、東部戦線の正面でドイツ軍と対峙するロシア軍への梃入れが、ヨーロッパ戦線でイギリスやフランスなどへの軍事支援に繋がること、その結果として、大戦後のヨーロッパを中心とする国際秩序形成のなかで、東洋に位置しながらも日本の国際的地位向上に不可欠であること、とその政治外交上のメリットを端的に示していたのである。

ここで強調されているのは、対ロシア武器供与が必ずしもロシア援助だけでなく、英仏への軍事的政治的援助を明確に語っていたことである。恐らく日本の対ロシア武器輸出の理由には、その点が重視されていたのである。ここにも武器輸出による経済的利益の獲得と同時に、それ以上に政治的外交的地位の確保という意図が込められていたのである。

表1　「大正三年欧州戦勃発以来与国へ譲渡シタル主要兵器累計表」

品　目	英　国	仏　国	露　国	計
各種小銃（挺）	100,000	50,000	671,900	821,900
同実包（発）	45,000,000	20,000,000	163,291,000	228,291,000
同実包部品（個）	3,000,000	20,000,000	37,000,000	60,000,000
小口径火砲（門）			588	588
同弾薬（発）			1,733,000	1,733,000
中口径火砲（門）			80	80
同弾薬（発）			225,050	225.000
大口径火砲（門）			99	99
同弾薬（発）			25.200	25.200
弾丸（発）			4,100,000	4,100,000
三吋薬莢（個）			2,700,000	2,700,000
三吋信管（個）			2,495,000	2,495,000
薬莢爆管（個）			2,000,000	2,000,000
二号帯状薬（個）			750,000	750,000

「第29号 与国へ兵器譲渡スル件」JACAR：Ref.C08040176300より作成

対ロシア武器輸出の実態

一九一四（大正三）年七月二八日から開始された第一次世界大戦の翌一九一五年五月には、日本陸軍は早くもロシア、イギリス、フランスなど参戦諸国への武器輸出に乗り出していた。[*21] なかでもロシアへの武器輸出が圧倒的である。一九一六年五月一五日の調査結果として、大戦勃発から凡そ二年間における三カ国への武器輸出総額は、実に約一億五一三五万円に達していた。「大正三年欧州戦勃発以来与国へ譲渡シタル主要兵器累計表」[*22]（**表1**）に依れば、ロシアだけで一億円以上の輸出額である。同表から知ることのできるのは、参戦諸国のなかでロシアへの武器輸出量が圧倒的であるだけでなく、輸出兵器の種類が小火器から大口径の銃砲まで多様であることである。

輸出総額の約一億五一三五万円は、一九一五年の一般会計と臨時軍事費特別会計との合計五億九五四五万円と比較しても高額であり、同年の直接軍事費二億三六四一万円と兼ね合わせても、如何に大きな額であるか知れる。[*23]

数量の示す如くロシアに偏在した武器輸出が円滑に実行されるためには、政治的かつ軍事的に日本政府、とりわけ日本陸軍との間にロシアへの武器輸出理由に関する積極的な合意や、日本の国家安全保障戦略上の観点からする判断が不可欠であった。それで一九一五年八月一八日、陸軍省は「露国ニ対スル同情ノ宣明」を発表したが、そのなかで「帝国ハ露英仏ト連帯シ共同ノ大敵ニ対シテ行動スルニ決スルヤ、露国ノ特ニ重大ナル任務ヲ負担スルヲ了解シ、帝国ノ上下ハ深ク露軍ニ同情ヲ寄セ之ニ可能最大ノ封助ヲ与フルハ寧ロ帝国ノ義務ナルコトヲ感セリ[*24]」とする内容であった。

ここには当該期における連合軍の「共同ノ大敵」であるドイツと東部戦線で対峙するロシア軍への軍事支援は、ロシアと協商関係にあったイギリスとフランスにとっても強い希望でもあったことが示されていた。この両国を支援する意味でもロシアに軍事支援を徹底することは、これら三国との関係強化及び大戦後に国際社会において有利な地位を確保するためにも日本にとって望ましい判断であった。日本の対ロシア武器輸出は、大戦後の国際政治の変容を睨みつつ、対ロシア武器輸出に全力が傾注されたのである。その具体的な方法として、兵器生産体系の根本的な見直しも進められ、同時に陸・海軍工廠だけでは武器輸出に対応し切れない現実から、民間生産業者の参入を促すことになった。大戦後の軍需生産の民営化は重大な課題となってくる。大戦開始直後において官営と民営の共同生産体制の構築が着手されることになったのである。

大隈重信内閣は、兵器生産能力の強化を目途として重化学工業促進のための経済政策を打ち出していた。具体的には、化学工業調査会（一九一四年一一月設置）や経済調査会（一九一六年四月設置）等の相次ぐ設置がある。一九一六年四月二九日開催の経済調査会第一回総会で大隈首相は、本書の第一章でも述べたが「此欧州大乱ニ因テ日本ノ受ケタ利益ハ随分大ナルモノテアル、其中最モ大ナルモノハ軍需品ノ注文テアリマス、日本ニ製造力サヘ有レハ或ハ容易ク原料品ヲ得ル事サヘ出来レハ今日ノ三倍テモ五倍テモ供給スル事カ出来ルノテアリマス。…此ノ軍需品ノ供給ハ実ニ大ナル利ヲ得ルモノテアル」[25]（傍点引用者）との訓示を行っている。

ロシアから大量の武器注文に対応するため、大隈首相は官民合同による兵器生産体制の確立を訴えたのである。そのことを大隈首相は、「官民相俟ツテ戦後ノ日本ノ産業ノ発展、経済ノ発展ヲ図リタイト希フ次第テアリマス」[26]と明快に論じていた。武器生産体制の強化確立は、第一次世界大戦で具現された戦争形態の総力戦化への対応が、日本を含め欧米諸国に共通した課題となってきたことの証左でもあった。そこに含まれたより切実で緊急を要する対策として、武器生産体制の確立による兵器自立化の課題が存在したのである。[27]

当面は武器注文への対応から開始された武器生産体制の強化策は、対ロシア武器輸出の実行のなかで拍車がかけられていったと言えよう。そこでは武器注文への対応から武器生産体制の確立と自立化、その結果としての総力戦体制の構築という道筋が出来上がりつつあった。そのことから対ロシア武器輸出の実態は、武器輸出が当該期日本を含め、安全保障体制の強化に繋がっていく重大な政治経済過程を示すものであったと言えよう。[28]

2　日本陸・海軍の対ロシア武器輸出と武器生産体制の整備

日本陸軍の場合

第一次世界大戦（一九一四年七月二八日開始）後に武器輸出の実例を示す史料として、「欧受第五八九号　兵器及被服譲渡ノ件」（大正四年五月二六日、陸軍省軍事課提出）がある。その「上奏案」[*29]には、「英仏露三国ニ譲渡セシ兵器及被服ニ関シ、去ル二月上聞ニ達シ置候処、其後更ニ英露両国ニ譲渡シ若クハ譲渡ノ契約成立シ、目下引渡中又ハ制作中ニ属スル兵器及被服別表ノ通ニ有之候、右謹テ上奏ス」とある。武器輸出が上奏の形式を踏んだ国策として認定されたとし、ここに示された数字が契約成立数や引渡しの最中にあること、さらには輸出に向けて制作中であること、従って提示された数字が輸出実績と必ずしも断定できないものであることを示す。「上奏案」に関連し、以後引用していく史料では、武器の種類及び輸出・供与・譲渡・払下など多様な用語で括られ、統一的な表示は見られない。しかし、大体の傾向と特徴は読み取ることは可能である。[*30]

大戦後、日本の対ロシア・イギリス・フランスの連合国軍側に輸出予定の兵器実数と課題については、陸軍省軍事課が作成した「連合軍ニ本邦兵器譲与ニ関スル件」（陸軍省受領　欧受第二七一一号　大正四年一二月二三日提出文書）に収められた「次官ヨリ福原大佐へ電報案」が参考となる。そこでは、「帝国カ露国ニ譲与セシ兵器ノ概数小銃五十万挺、野砲三百六十門大口径火砲百六門中口径火砲八十門（弾薬ヲ付ス）ニシテ、此外大正五年一月以後三月迄ニ三吋野砲百二十門、五年末迄ニ小銃十二万挺、五年五月迄ニ三吋露式野砲弾丸百十万発ノ供給ヲ契約シ、尚今後契約セントスルモノ山砲八十門（五年六月頃迄）、小銃二十万（六年九月頃迄）、露式野砲弾丸二百万（六年四月頃迄）ナリ、又英国ニハ今日迄小銃十万迫撃砲十六、仏国ニ小銃五万ヲ譲与セリ」[*31]とある。

但し、これだけ大量かつ大規模な武器輸出を可能にする武器生産能力を当該期の日本が保持していたかは疑問であり、実際には困難を極めた。それゆえ、「連合軍側ノ要求ニ応スルヲ力メシカ英、仏、露三ヶ国ノ終始不断ノ要求ニ著シテハ、我国工業力ノ到底満足ナル解決ヲ与フル能ハサル」との判断を示しつつ、「今年後半期以後ハ全力ヲ露軍ノ補給ニ向テ能フ限リヲ尽シ、今ヤ両砲兵工廠ニ徹夜作業ヲ実施シ、直接露軍ノ要求ニ基ク作業ニ従事シツツアリ」[*32]とする苦しい現実を吐露していたのである。

次に対ロシア武器輸出の実態を武器輸出額からも見ておきたい。額面からも対ロシア武器輸出の大きさが知れる。比較するために、先ず対イギリスへの武器輸出の実態を先に挙げておく。「極秘　英国譲渡主要兵器ノ員数及払下価格表　大正四年十二月調」には、譲渡品目として三〇年式歩兵銃（二万挺）、三八式歩兵銃（五万挺）、三八式騎銃（三万挺）、同実包（四五〇〇万発）、軽迫撃砲（一六門）、同弾薬（四〇〇〇発）等で総額五二九万九七〇九円、また「仏国譲渡主要兵器ノ員数及払下価格表　大正四年十二月調」）には、三八式歩兵銃（五万挺）、同実包二〇〇〇万発）等総額で三一八万六七四〇円の金額に達していた。[*33]

これに対して「露国譲渡主要兵器ノ員数及払下価格表　大正四年十二月調」に示された対ロシア

武器輸出の実態は以下の通りである。すなわち、三〇年式歩兵銃（三二万五〇〇〇挺）、三〇年式騎銃（二万五〇〇〇挺）、同実包（二九五九万一〇〇〇発）、三八式歩兵銃（二五万挺）、実包（一億一四〇〇万発、七密口径歩兵銃（二万三五〇挺）、同騎銃（一万五〇五〇挺）、実包（一一六〇万発）、三一年式速射砲砲車（四八八両）、同弾薬車（一一八八両）、同弾薬（一七三万三〇〇〇発）、三吋野砲弾丸（二一〇万発、同薬莢（一七〇万個）、同信管（四九万五〇〇〇個）、手榴弾（三万個）等、野戦兵器分の総額八八一八万六〇八三円三〇四銭、さらに二十八珊榴弾砲（四二門）、同弾薬（一万二七〇〇発）、二十珊榴弾砲（四門）、同弾薬（四四〇〇発）、十五珊榴弾砲（一六門）、同弾薬車（一六両）、十二珊榴弾砲（二八門）、同弾薬（二万六八五〇発）、二十四加農砲（一四門）、同弾薬（二六〇〇発）、十珊加農砲（一二門）、同弾薬車（一二両）、同弾薬（二万九一〇〇発）、二十四珊臼砲（三四門）、同弾薬（五五〇〇発）、十五珊臼砲（一二門）、同弾薬（一万五〇〇〇発）、九珊臼砲（一二門）、同弾薬（一万二〇〇〇発）、其他ノ重砲兵器（若干）等の銃砲兵器分の総額八六〇万四七一九円八〇〇銭に達したと記録されている。これら野戦兵器類と重砲兵器類に方匙〔円匙（えんし）（シャベルのこと）〕等を加えると、総額が九七一三万六二二三円一〇四銭と計上されていた。[*34] 凡そ一億円近い額に達していたのである。

膨大な武器輸出計画が進行するなか、一段と問題化してきたのが輸出用の武器生産体制であった。武器輸出は対ロシア向けを優先していたものの、大戦が進む中、ロシア以外のイギリスやフランスに加えてベルギーやチリ等の諸国も日本の武器輸出を要請してきた。こうした事態に苦慮する実態は、一九一五年七月九日付の加藤外務大臣から岡陸軍大臣宛の以下の文面からも明らかであった。すなわち、「客月（かくげつ）〔先月のこと〕二十四日在本邦白耳義（ベルギー）国公使来省本国政府ノ訓令ニ依リ、同国政府へ小銃五万挺弾薬二千五百万包融通方希望申出タルニ付、本大臣ハ英露両国ヨリ縷々申出アリタルモ十分其希望ニ応スルコト能ハス、到底余裕ナキ事情ヲ内話シ此際貴省へ問合ハスモ到底何等見込ナキ旨答へ置候」[*35]と。相次ぐロシアからの武器購入要請を受けて、日本政府は兵器生産力の増強を迫られていたのである。

同問題は、後日大隈首相の発言にも取り上げられることになった。すなわち、イギリス政府と日本政府との間でロシア向け武器輸出問題が本格的に取り上げられたのは、同年九月一八日、大隈重信首相兼外相と駐日イギリス大使カニンガム・グリーンとの会談の席上であった。席上、大隈首相は近くロシアに向け武器輸出計画を伝えるとしながら、日本の兵器製造能力に触れ、「官営工場ハ其設備ヲ昨年開戦当時ニ比シ三倍即チ極度迄拡張シ、更ニ民間ヨリ約二千万円ノ資本ヲ投セシメ、陸軍当局監督ノ下ニ兵器製造ニ着手セシムルニ在リ、何分ニモ日本ノ工業尚幼稚ナル為思フ様ニ参ラサルモ、我当局ニ於テハ能フ限リノ努力ヲ為シツツアリ」[*36]と述べている。

一九一六（大正五）年九月一六日、こうした事態への対応策として提出された陸軍省軍事課の「閣議提出案」によれば、「帝国政府ハ露国政府ノ悃請ニ対シ同政府ト大要別紙ノ約款ヲ以テ兵器供給ノ約束ヲ為ス」[*37]とし、砲兵工廠の作業力の増進を図るため、一九一五年一二月までに同工場の緊急拡張日に七七万円を計上するとともに、東京歩兵工廠の小銃製造所の設備投資費用として五五万円の支出を予定するとした。こうした武器生産態勢の充実を踏まえて、「露国政府へ兵器譲渡ニ関スル約款」には、「小銃約百九十万挺実包約十億万発」[*38]を製造し、露国政府に輸出するとした。「小銃及同実包譲与員数予定表」**【表2】**によると、砲兵工廠生産と民営工場生産別に輸出時期別に小

表２　「小銃及同実包譲与員数予定表」

譲与時期		砲兵工廠生産品	民設工場生産品	計
大正五年十二月迄	小銃	150,000		150,000
	実包	100,000,000		100,000,000
大正六年十二月迄	小銃	250,000	60,000	310,000
	実包	200,000,000	60,000,000	260,000,000
大正七年十二月迄	小銃	300,000	140,000	440,000
	実包	220,000,000	140,000,000	360,000,000
大正八年十二月迄	小銃	300,000	200,000	500,000
	実包	220,000,000	200,000,000	420,000,000
大正八年十二月迄	小銃	300,000	200,000	500,000
	実包	220,000,000	200,000,000	420,000,000
計	小銃	1,300,000	600,000	1,900,000
	実包	9600,000,000	600,000,000	1,560,000,000

「露国へ兵器供給ニ関スル件」JACAR：Ref. C08040175900 より作成

銃と実包とが以下の如く記されている。

表2が示す通り、日本政府は民設工場を急遽設営してロシアへの武器輸出に全力を挙げている。これは、日露戦争終了（一九〇五年）後からロシア革命勃発（一九一七年）までの間が所謂「日露協商の時代」とされたように、日本政府は日英同盟の相対的後退期と反比例し、朝野を挙げてロシアとの関係を強化する方針で臨んでいた。[*39] ロシアへの武器輸出の拡大は、その具体的な証明でもあった。[*40] 既に多くの先行研究で明らかにされたように、第一次世界大戦の勃発が日本の武器輸出の一大契機となったことは間違いない。そこから、具体的な予算措置を大胆に実施することで武器輸出体制の整備を図ったことに注目しておく必要がある。[*41]

大蔵省は一連の陸軍による武器輸出に理解を示し、全面支援を行っている。例えば、一五万挺に達する歩兵銃のロシア政府による支払いが滞った場合、以下の手当てを講じるべき内容を陸軍次官宛に通知していた。

すなわち、一九一七年八月三〇日、大蔵次官市来乙彦は陸軍次官山田隆一に対し、「露国政府ノ希望ニ依リ払下クヘキ歩兵銃拾五万挺ノ代金トシテ、泰平組合ニ於テ交付ヲ受クヘキ東京露国大使ノ調印シタル五分利付期限一ヶ年半証券ニシテ、期限満了後露国政府ニ於テ之カ支払ヲ為サヽル場合ハ該組合ノ願意ヲ諒シ、為シ得ル限リ当省ノ援助ヲ得度旨御照会ノ趣了承、本兵器払下ハ独リ国交上有利ナルノミナラス、貴省ニ於テモ陸軍工廠作業経営ノ為御希望ノ由御来示ノ次第モ有之候ニ就キ、若シ右証券期限満了後露国政府ニ於テ支払ヲ為サヽル場合ニハ、充分ノ好意ヲ以テ金融上相当援助方攻究可致候間右様御承知相成度此段及回答候也」[*42]なる文章を送付していた。大蔵省の全面支援もあって、日本陸軍は対ロシア武器輸出に積極的に乗り出すことが可能であったのである。

日本海軍の場合

対ロシア武器輸出についての先行研究の殆どが日本陸軍の武器輸出を対象としている。確かに芥川論文では、一九一七年以降の実績が紹介されているが、日本海軍の武器輸出の実態については充分に触れられていない。[*43]日本海軍の対ロシア武器輸出の事例が史料上で最初に登場するのは、一九一五年三月一八日付の電文である。海軍省副官が露国大使館付武官宛に送付した、「露国大使館付武官ノ口頭願出ニ基キ安式四吋七速射砲二十門、弾丸薬莢六千発譲与方交渉ヲ始メ可然哉」[*44]とする内容である。「安式四吋七速射砲」とは、イギリスのアームストロング社製QF四・七インチ砲（Mk.IV）を原型とし、日本海軍で「四十口径安式四吋七砲」として国産化された兵器である。同砲は日清・日露戦争期に主力艦の速射砲として搭載された。日本海軍は先ずは同砲二〇門を同高脚砲架七〇〇個、同薬莢七〇〇〇個、同電気信管七〇〇〇個と合わせ、総額五一万九五〇〇〇円で輸出したとした。[45]

次いで一九一五年四月二〇日付の海軍省副官から露国大使館付武官宛の文書（官房機密第五〇九号）であり、そこでは「小銃弾薬包四百万発」が運搬費と荷造費の合計一六万一四八〇円でロシアに向けて横須賀軍港から発出された記載がある。[46] さらに、同年七月三日、海軍艦政本部は内閣総理大臣大隈重信宛に、「今般露国政府ノ要望ニ応シ、帝国海軍ノ存有ニ係ル、四・七吋榴霰弾三千二百発仝薬莢三千個火管四千個ヲ相当代償ヲ以テ譲渡致度至急閣議ヲ請フ（官房機密第八五三号）」[47]とし、早期の閣議決定を要請した。これに大隈首相は迅速に対応し、同月三〇日には海軍大臣八代六郎宛に、「露国政府ノ要望ニ応シ帝国海軍存有ノ榴霰弾三千二百発仝薬莢三千個火管譲渡ノ件請議ノ通」と返答を行った。[48] これより先に海軍省副官艦政本部会計課はロシア大使館付武官宛に同砲用に榴霰弾三二〇〇発、同薬莢三〇〇〇個、撃装火管一〇〇〇個を帝国海軍工廠で製造する承諾を海軍大臣から得ていることを通知していた。[49]

以上のように日本陸軍と同様に日本海軍もロシア政府の要請に極めて迅速に対応しており、同年九月に入ると、四吋七砲用榴霰弾の増産に拍車をかける形で、同月一〇日に一二〇〇個（同薬莢一〇〇〇個）、同月二〇日に一二〇〇個（同薬莢一〇〇〇個）、一〇月一〇日に一二〇〇個（同薬莢一〇〇〇個）の合計三六〇〇個（同薬莢三〇〇〇個）が榴霰弾と同薬莢の合計で一五万八〇〇〇円の価格で輸出された。[50] ロシア政府は、兵器の根幹である小銃配備に腐心していたが、日本海軍からも三万七〇〇〇挺に及ぶ小銃の入手を切望していた。

この小銃輸出の件についても、同年八月一〇日に海軍大臣より大隈首相宛てに「露国政府ノ要望ニ依リ応シ、帝国海軍存有ニ係ル小銃三万七千挺全弾薬包一千万発ヲ相当代価ニテ譲渡致度右至急閣議ヲ請フ（官房機密第九八七号）」との通知があり[*51]、大隈首相は翌日一一日に加藤友三郎海相宛に閣議決定した旨返答している。これを受けて同月一八日、海軍省副官はロシア大使館付武官宛に日本政府側の決定を通知している。

この結果、小銃について、一九一五年八月から一〇月迄は在庫分を毎月三〇〇〇挺、弾薬包一〇〇万八〇〇〇発を在庫から拠出し、一一月に二〇〇〇挺、弾薬包一〇〇万八〇〇〇発、一二月に五〇〇〇挺、弾薬包一〇〇万八〇〇〇発、一九一六年一月に四〇〇〇挺、弾薬包一〇〇万八〇〇〇発、二月に一万四〇〇〇挺、弾薬包三〇二万四〇〇〇発、一九一六年三月に三〇〇〇挺、弾薬包九二万八〇〇〇発の合計三万七〇〇〇挺（全弾薬包一〇〇〇万発）が輸出された[*52]。因みに、小銃は一挺三五円一〇銭とされ、小銃だけで総額で一二九万八七〇〇円の輸出額であった[*53]。

これは相当規模の武器輸出額であり、当該期における海軍工廠での生産規模からして極めて過酷な要請に応えていたことになる。現実に日本海軍の本音では、「一、四二式三号魚形水雷（装薬ヲ除ク）拾四個、一、四二式五号魚形水雷（装薬ヲ除ク）拾六四個　前記諸兵器ハ廃兵器処分ノ上三井物産株式会社ニ払下クヘシ[*54]」など、「廃兵器」を民間会社に「払下」し、輸出に充当するなど苦肉の策をも採らざるを得ない状況にあった。この背景には、「同盟国ノ作戦ヲ幇助スルコトハ素ヨリ好ム所ナリト雖、之ト同時ニ自国戦備ノ状況如何ニ就テハ慎重ノ考慮ヲ要ス、一、将来兵器ノ譲渡ニ関スル此種ノ交渉ニ付テハ先以テ軍令部ニ協議シ、然ル後海軍省ニ於テ可否ノ回答ヲ与フルコト」[*55]と記されたように、自国兵器の輸出による戦力低下を危惧せざる得ない局面にも遭遇していたのである。

それもあって日本海軍の武器輸出には、一九一五年後半期から新たな様相が見られる。それは兵器本体から弾丸など付属兵器の輸出が顕著となったことである。同時に両国間では武器自体の輸出に限定されず、図面の提示やロシア側からの製造条件付きで生産を促し、それを輸入する方法など相互の武器生産技術の情報交換のシステムが次第に採用されることになった。技術転用は両国の武器生産の現場からすれば合理的な判断と思われると同時に、戦争という緊急避難的な対応方から平時における軍事技術交流の可能性を探るものであった。

例えば、兵器輸出に関しては、ロシア政府側との間に相互の技術協力のうえで兵器供与が勘案される事例があった。一九一五年一二月一二日付のロシア大使館付武官ポドイャーギン陸軍大佐から谷口海軍大佐宛の文書で、日本海軍省艦政本部との交渉において砲一二〇門と附属品の注文が合意されたが、その場合には以下の条件が附せられていた。すなわち、「一、前期百二十門ノ砲ハ三十八年一〇珊五野砲式ニ拠リ製造サル可キモ、其口径ハ四・二英吋（インチ）トシ、砲（カナール）長ハ露国四二線砲弾薬包ヲ発射スル為メ露国式四二線砲ノ砲長、即チ図ニ示ス如キモノナラザル可ラズ」[*56]というものである。ロシアが採用する大砲に準じて制作する旨が記されていた。大砲製作技術を踏まえる条件が付加されており、日露両国間で軍事技術交流や兵器自体の相互運用が進められていたことを示すものであった。単に一方的な武器輸出の状態から輸出入を重ねるだけではなく、使用兵器の相互運用性(インターオペラビリティ)をも射程に据えた武器輸出が展開されていたことは注目される。

こうした事例は、一九一七年一月二九日、海軍省副官が露国大使館付武官宛に、「露式四吋二加農砲図面類左記ノ付表条「ポチャギン」大佐へ御交付御願度　一、露式四吋二加農砲組立、解剖図共一式　各弐通　三百三十八枚、二、全関係図面目録　弐通　三、員数表　各弐通　八通[*57]」の史料でも明らかである。また、同年四月七日、海軍省副官大角岑生から露国大使館付武官フォスクレセンスキー大佐宛の「送図ノ件　三月二日、官房機密第三六六号ヲ以テ四十口径三吋大仰角砲図面ノ内全体組立及要部組立図面一式各二通　右送付ス　目録二通図面百九十枚添[*58]」の通牒で示されたように、図面提供による軍事支援への方向が模索されていることである。言わば、輸出方法がハード面を補完する格好で、ソフト面での軍事技術支援によって武器輸出の継続性が担保されようとしたと言える。

シベリア干渉戦争期の武器輸出

日本陸・海軍の武器輸出は、一九一七年に勃発したロシア革命以後においてもロシア革命政府に対抗する反革命諸勢力への武器輸出の形式により継続されていく。大戦末期となり、武器輸出の量的確保が懸念されはしたが、ロシア革命による内戦が開始されるやロシア反革命政府への武器輸出が期待される。そのため兵器生産体制の維持拡大が図られていく。大戦による武器輸出要請の拡大により生産能力の限界性が露呈されたこともあり、生産強化の方途として、あらためて民営工場の拡充が図られることになった。日本の武器生産能力の強化策として民営化を進めるためには、日本政府は大戦末期から終了後における武器輸出市場としてロシアの反革命勢力をターゲットにしていったのである。

ロシア反革命諸勢力への武器輸出の実態に関する先行研究は多くない。[*59] その空白を埋める意味でも、一部の実態事例を紹介しておきたい。

ロシア革命勃発後にロシア領土内には幾つかの反革命政府が相次ぎ樹立され、次第に革命政府と各地で衝突し、ロシアは内戦化していく。日本陸軍は反革命勢力への武器輸出の機会を見出そうとした。その事例として参謀総長の名で、「『カルムィコム』支隊ニ兵器弾薬支給ノ件」（大正七年十月十六日提出　西密受第五七七号）とする史料が存在する。

革命勃発以後、革命の主導権の掌握の途次にあったボリシェヴィキ（多数派）が主導するソヴィエト政権に対抗するため、社会革命党（エス・エル）のアフクセンチエフを主導者とする「臨時ロシア政府」が樹立（一九一八年九月二三日）した。しかし、ソヴィエト軍（赤軍）の急迫を受け、後退を余儀なくされていた。そこで陸海軍大臣であったコルチャーク海軍総督を担いで「ロシア政府」（オムスク政府）が樹立された。その後、全シベリア及び極東方面は、日本軍の支援を受けたハバロフスクのウスリー・コサック大尉であったカルムイコフ、チタのザバイカル・コサック大尉であったセミヨノフがコルチャーク政権の傘下に入った。コルチャークはソヴィエト政権に対抗する必要上、強力な軍事力の要請を急いでいた。

そのカルムィコム大尉に日本陸軍は武器輸出の機会を得ようとしていた。史料には「西密　外務大臣へ通牒」（大正七年十月十八日付）として、「『カルムィコム』支隊援助ノ為兵器供給ヲ有利ト認メ、別紙ノ通供給方取計ハシメ候條承知相成度候也」[*60]としたうえで、騎銃四〇〇挺、小銃三〇〇挺、同実包五万発、三八式機関銃二挺、同実包一万発を中心に、他にも三〇年式銃剣七〇〇個、三八式歩兵銃三〇〇挺、三八式騎銃四〇〇挺等が輸出されることになった。[*61]

一方のセミヨノフへの武器輸出に関する史料がある。それは、一九一九年一二月一日付で陸軍次官宛にシベリア派遣軍参謀長の名で次の通牒が発せられていた。そこには、「一、『セメノフ』ヨリ政府ヲ経テ山砲八門（弾薬及附属品共）ヲ応急日本ニ注文スル場合注文後発送迄何日位ヲ要スルヤ二、小銃、機関銃、電話機等ヲ露軍ヨリ注文セラルル場合、日本カ其原料及製造力ノ許ス範囲ニ於テ露軍ノ要求ニ応シ得ル最大限数量準備ニ要スル日時等ニ関シ、予メ概略ノ見当ヲ示シ置カレ度シ」[*62]とある。

カルムイコフやセミヨノフが事実上所属するオムスク政府への武器輸出も計画された。例えば、「『オムスク』政府へ軍需品供給ニ関スル件」（西受第二三一〇号　外務省）[*63]には、「通牒　副官ヨリ在東京露国大使館付武官ヘ」と題して、「本年九月三日付第八二二号ヲ以テ貴大使ヨリ外務大臣宛紹介相成候、『オムスク』政府用通信器材別紙ノ通譲渡方認可セラレ候條直接貴官ト陸軍兵器本廠長ト契約締結ノ上現品受領相成度候也」とあり、その契約では、兵器として歩兵銃三万挺、騎銃二万挺、実包二〇〇〇万発とされた。[*64]しかし、日本政府内ではオムスク政府支援政策が確定しない状況下で中止となり、契約違反金を巡り日本政府とオムスク政府との間で軋轢が生じたケースも起きている。

日露戦争終了後からロシア革命勃発まで順調に進展するかに見えた日本の対露武器輸出は、ロシア反革命政府の内紛の影響も作用して頓挫する状態となり、ロシアの武器市場は混乱を呈し始めていた。そのなかでもセミヨノフへの陸軍の支援は一貫して積極的であった。例えば、一九一八年二月一四日、黒沢準中佐は田中義一参謀次長と面談し、「断然躊躇スルコトナクセミョーフ援助スルヲ有利トスルノ意見ヲ報告」し、支援の理由を「彼ノ実力ニ比シ大ニ過ク、然レトモ後貝加爾州(ザバイカリスク)ヲ維持セシメ且穏和鼓舞ノ原動力タラシムルニ適任ナリ」[*65]とした。そのうえで陸軍省の立て替えで、野砲八門、一五粍榴弾砲二門、歩兵銃二〇〇〇挺、騎銃三〇〇〇、機関銃五〇銃、拳銃二〇〇挺、手榴弾一万個、擲弾銃一〇挺等を輸出していた。

こうしてロシア反革命諸勢力への武器輸出が進められていた一方で、イギリスやフランスなど西欧参戦諸国への武器輸出は規模こそ決して大きくはなかったものの、一定数の受注が継続されていた。例えば、開戦当初にイギリスへは、三八式銃実包部品（一六〇〇万発）や軽迫撃砲（四門）、同弾薬（一〇〇〇発）などが引渡され、あるいは輸出に向け製作中であった[*66]。

多国籍軍として編成されたシベリア干渉戦争の参戦諸国では、武器補充先として日本に期待する国々も少なくなかった。例えば、一九一九年三月五日、「兵器弾薬払下ノ件」の件名で「副官ヨリ英国大使館付武官『サマウィール』中佐へ」と題する「通牒」が発出され、そこには「本年二月一日付ヲ以テ出願相成候拳銃全実包払下方認可相成候条直接陸軍兵器本廠ト委細契約方取計相成度」[*67]とある。武器輸出の内容は、二六年式拳銃五〇挺（単価四三円）、全実包二万（万発ニ付　四四〇円）の合計三〇三〇円分の武器輸出を行った。尚、単価については「浦塩渡単価トス」との但し書きが付されていた。そして、副官より陸軍兵器工廠に対して、同月二〇日までにウラジオストクのイギリス領事官のブレーヤー少将宛に送付することになった。

イギリス以上にフランスへの武器輸出が活発であった。その嚆矢は、一九一八年一二月一七日、フランス大使館付武官ド・ラポマレード少佐から陸軍省副官和田亀治宛の依頼文書が発給された事実からである。[*68] そこには、チェック、スローヴァク軍司令官ジャナンから小銃二万五〇〇〇挺、実包二五〇〇万発の注文が入っていることを伝えていた。フランス側からは、前年の一九一八年一二月二四日付で、二六年式拳銃一〇〇〇挺と同実包二〇万発、価格にして四万九〇〇〇円分の武器購入の申し入れ実績があった。

さらに、一九一九年一月九日付で外務次官幣原喜重郎から陸軍次官山梨半造宛に、「西比利亜『チェック、スローヴァク』軍司令官『ジャナン』将軍ニ兵器借渡方ニ関シ仏国大使ヨリ申出ノ件」[*69] が発給された。そこでは兵器代金はフランス大使館が引き受けるとされ、この申出を至急了解するよう要請している。これを受ける形で同月一三日、「『チェック、スロバキア』軍司令官ジャナン将軍ニ兵器交付ノ件」には、参謀総長上原勇作から陸軍大臣田中義一宛に対し以下のような要請があったことを記している。

すなわち、「首題ノ件ニ関シ一月十一日西発第二号ヲ以テ照会ノ趣異存無之交付方取計候條承知相成度候也、追而内地ヨリ浦潮ニ追送ノ兵器ハ第十二師団兵站監ヲシテ関東野戦砲兵廠保管ノ小銃実包二百万発ハ、関東兵站監ヲシテ夫々『ジャナン』中将ニ交付ノ手続ヲ実施スル如ク指示候條為念申添候」[*70] とあった。ジャナン将軍宛て武器輸出については、駐日フランス大使館が仲介していることもあり、陸軍は日本外務省との緊密な連携を保持しつつ、武器輸出の早期実現に向けて活発に動いていた。日本政府も既に本件について、同年一月七日に閣議決定を済ませており、非常に協力的な姿勢を見せている。そして、同月一八日にはフランス側の代表として同国大使館付武官と陸軍側とが直接契約締結の手続きを完了している。この結果、フランスに三八式歩兵銃二万五〇〇〇挺、三〇年式銃剣二万五〇〇〇振、三八式銃実包二五〇〇万発が輸出されている。[*71]

また、関東軍兵站監志岐守が、同月三〇日の日付で陸軍省軍務局長菅野尚一宛に送付した「外国軍ニ弾薬交付セシ受領証送付ノ件」には、「仏国ジャナン中将宛ノ小銃実包弐百万発ハ、大正八年一月二十九日哈爾浜(ハルビン)ニ於テ仏国ドウフオンテン中佐ニ交付ノ件ハ先ニ大臣宛電報々告致置候処該受領証別紙及送付候」[*72]とある。フランスのシベリア派遣軍のジャナン将軍が日本に実包二〇〇万発を発注した事実は、関東軍兵站監が田中陸軍大臣に送付した前日二九日電報でも確認可能である。

フランス側への武器輸出は引き続き実施され、「西受　一六二八号　大正八年二月十三日電報」として、「大臣宛　発信者　第一二師団兵站監」の「監参電二四」には「ジャナン中将ニ交付スヘキ銃一六五〇〇、銃剣一六五六〇〇、同予備品一九五〇、実包八七二〇〇〇発十二日仏国派遣員へ交付セリ、之ヲ以テ全部交付シ終ル」[*73]との記録がある。さらに、「西受　三一四号　大正八年二月十日電報」として「大臣宛　発信者　第一二師団兵站監」には、「ジャナン中将へ交付スヘキ兵器ノ内第二次渡トシテ三八式銃三千挺実包一一五三六〇〇〇、二月八日仏国派遣員ト受授ヲ了セリ」[*74]とある。

日本政府は、このフランス政府の意向を汲む形で武器輸出を積極的に行った。日時を追って整理しておく。一九一九年二月二六日付、フランス大使館付武官グルニエ大尉の名で陸軍大臣田中義一宛に「拝啓朕ハジャナン将軍部下部隊武装ノ為メ、左記ノ銃器ヲ日本政府ニ於テ御供給クダサルコトヲ得ヘキヤ否可伺出旨同将軍ヨリ申越候、小銃九千挺、短銃或ハ騎銃二千挺、実包八百万個」[*75]とある。具体的な史料として、一九一九年三月一一日付で第一二師団兵站監佐藤小次郎が陸軍大臣田中義一宛への報告書「兵器弾薬仏軍ニ交付済ノ件報告」には、「『ヂヤナン』中将及び『チェック』軍ニ交付スヘキ兵器弾薬ハ前後五回ヲ以テ仏軍へ交付済」とし、別紙「仏軍ニ交付セル兵器弾薬数表」を示している。[*76]この史料から日本からフランスへ、そして、フランスを経由してチェコ軍団に武器輸出が実施されていたのである。

フランスへの武器輸出はこれだけではなく、一九一九年七月一五日付でフランス大使館付武官ド・ラポマレード少佐の名前で田中義一陸軍大臣宛てに次の武器輸出の依頼があり承諾されている。具体的には、「拳銃嚢五〇〇、拳銃嚢ノ負革（おいかわ）及帯一〇〇〇、拳銃拭浄ノ附属品一式一〇〇〇」[*77]等であり、金額的には合計で五三五〇円程であった。さらに、同年一〇月二日付で、「爆薬罐三〇、〇〇〇個、爆破用雷管二〇、〇〇〇個、緩燃導火索八〇〇米、導火菅四、〇〇〇米」[*78]を輸出することになった。この武器輸出は、先ず宇品輸送本部へ交付輸送され、そこからウラジオストク司令部に引き渡される形が採用された。そして、費用は駐日仏国大使館付武官より支払うとされた。

チェコスロバキア軍（当該期の表記は「チェック、スローヴァク」軍）への武器輸出は上記の如くフランスを媒介にして実行された。時間が前後するが、「チェック軍ニ兵器弾薬交付ノ件報告」には、一九一八年五月二二日、浦潮（ウラジオ）派遣軍兵站部長志岐守から陸軍大臣田中義一に送付された文書で、「チェック軍ニ交付スヘキ兵器左記ノ通リ五月五日浦潮ニ於テ其受領者仏国陸軍大臣『テイシエ』ニ交付候條該受領証相添ヘ及報告候也、追テ去ル四月二十八日ニ交付セシモノト合シ小銃一万一千小銃実包八百万発全部交付済ニ付申添候也」[79]とし、三〇年式銃剣九〇二六個、三八式歩兵銃六九七〇挺をはじめ、多種の附属品が輸出されることになった。

イタリアはシベリア干渉戦争に二四〇〇名程度の兵力を派遣していたが、やはり日本からの武器購入を依頼していた。一九一九年六月三日付で駐日伊国公使による外務大臣宛要請文には、シベリア出兵したイタリアの在ウラジオストク・イタリア軍司令官の要請により、イタリア領内のオーストリア人六〇〇名の捕虜が志願兵としてイタリア軍に編入されることになり、これを武装する目的で日本に武器輸出を依頼したものである。

その文面には、「連合国ヨリ武器購入不可能ナル由申来リ、同司令官ハ在西比利日軍司令部ハ伊軍ニ対シ小銃六百挺及弾薬ヲ供給シ得ラルルコトトナシ、本職ヲ通シテ貴国政府へ同司令部ニ可然下命アルヲ請願致リ、尚ホ伊軍司令官ハ該当ノ伊太利志願兵ハ近次漸ク暴行ヲ増シツツアル過軍ニ対シ、鉄道守備隊ノ用役ニモ立チ得ヘシ申立居リ度、右貴官ヲ経テ政府へ請願方宜敷御取計度候也」[80]とある。

これに対して、陸軍次官は外務次官宛の同年六月一八日付の「回答」で「照会ノ件了承要求ノ小銃及実包ハ別紙価格ニテ譲渡スルコトトシ、取計度伊国大使館側ニ於テ右価格ニ異存無之候、至急供給ニ関スル手続完了致度候」とし、その結果、三八式歩兵銃六〇〇挺（単価合計二万八六四四円）、三八式銃六〇万発（合計単価五万一〇〇〇円）、合計単価で八万四一四四円の武器輸出が実行されることになった。[81]これら三八式歩兵銃は、日本陸軍使用の中古品であった。なお、フランスやイタリア以外の国からも武器購入の要請が記録されているが、紙幅の関係で割愛せざるを得ない。

おわりに――小括に代えて――

以上の論述から得られた結論を示しておきたい。

本章では、**第一**の課題については、日露関係の現実を追うなかで武器輸出が日本の国際的地位向上と総力戦体制創出期における兵器独立が、対ロシア武器輸出の基本的な理由であった。ロシアからの大量の武器購入要請への積極的な対応過程が示すものは武器輸出政策が国内兵器生産体制の拡充という結果をもたらした。

一九一〇年代から一九二〇年代にかけて武器輸出の国際ネットワークが形成され、多国間における武器輸出入システムが構築され、相互連携と相互規定の関係性が顕在化しつつあったことである。次第に兵器生産体制が整備されていき、武器輸出入自体が国家間関係の変容によって左右されると同時に、それが国家間関係をも規定していく要因として登場していくことに注目する必要がある。

すなわち、大戦間期における日本の対ロシア武器輸出は、対ドイツ戦に傾注せざるを得なかったイギリスやフランスが、武器輸出国から過度的かつ限定的ではあったものの武器輸入国とならざるを得なかった間隙を縫う形で実行された。それは連合国側の一員としての日本に絶好の役割を与えることになった。そのことは同時に武器輸出国としてイギリスやフランスから期待される反面、大戦後の日英・日仏関係に微妙な関係性をも持ち込むことになった。それはアジアにおける日本の地位向上への警戒感であり、それを確証させたのが日本の対ロシア武器輸出の展開であった。

その問題に絡めて言えば、日本が主体的かつ積極的に日露関係を同盟関係へと発展させていく戦略が確定していた訳ではない。日本の対ロシア武器輸出は、その質量ともイギリス・フランスなどと比較しても圧倒的ではあったが、その質量の多寡で日露関係の強固さを実証するのは合理的な把握ではない。当該期日本の外交政策や安全保障政策は、あくまで第一次世界大戦を好機とする国際的地位向上に置かれており、その限りにおいてロシアへの武器輸出は、日本が国際政治において比重を増したいとする強い意欲の表れの一端であった。これが武器輸出への強い衝動を日本政府に与え続けた最大の要因であった。

第二の課題として、質量には大きな差異があったものの、当該期日本政府及び陸・海軍がイギリス・フランス等への武器輸出にも果敢に取り組んだ背景として、西欧諸列強との武器輸出を通じた外交関係の強化が射程に据えられていたからである。そのことは重ねて引用した日本政府指導層の発言から知れる。そこには日本の安全保障政策にとり合理的とする政策的判断があったと言えよう。武器輸出を鋭意推進した政府及び軍関係者のなかに、そうした思考が確実に存在したがゆえに、兵器生産能力の限界をも意識しつつ、実行に尽力した実態を本章で引用紹介した輸出兵器の数量等で確認することができる。対ロシア武器輸出とは、軍事問題だけでなく、それ以上に政治外交上の相互規定関係を創り出す政策であったのである。

その対ロシア武器輸出は、その実態を史料で追ったように圧倒的な質量であった。しかし、それもイギリスやフランスなど参戦諸国との連携のなかで初めて許容されたものであって、特に日本・ロシア・イギリス・フランスの四カ国のなかでの連携と調整の結果として日本の対ロシア武器供与が実現したのである。つまり、既に国際社会のなかで一国の判断や二国間だけの関係での武器輸出は実現不可能とも思われる。当該期において、言わば国際武器輸出入システムが構築されて始めていた。国際武器輸出入のネットワークは、牽制と協調という混在した状況の中で拡大していったのである。[*82]

第四章

第一次世界大戦期日本の対中国武器輸出の展開と構造

――日中軍事協定期（一九一八―一九二一）期を中心にして――

はじめに

日本の対中国武器輸出は、一九一四年七月二八日から開始された第一次世界大戦期に本格化する。中国への武器輸出は、対ロシア武器輸出と同様に、輸出・供給・供与・譲渡など輸出の内実や代金の支払い方法等から様々な呼称が使われる。本章では、輸出の他に供給の用語を主に使用する。「供給」とは、一方から物資等を提供することを意味するが、そこには輸出側と輸入側との間の非対称性が前提とされている。実際に日中間の武器の輸出入は大方が日本の主導下において進められたのであり、「供給」はその意味でも実態に適合する用語である。そうした用語使用にも留意しながら、本章では以下の課題につき論じていくことにする。[*1]

第一に、武器輸出が対ロシア武器輸出と比較しても、極めて政治的な色彩の濃い内容であったことを指摘することである。この場合、政治的とは、中国における日本の持続的な影響力を確保するために、中国政府の統治能力を削減する試みが極めて統一的かつ計画的な判断から実施されたことを意味する。日本政府及び日本陸軍は、対中国への武器輸出を媒介として日中相互関係の強弱を随意に決定していた。そうするためにも、日中軍事協定の締結と放棄に至る政治過程は極めて注目される。一方で、中国の政局は混乱と不安定化を強めていき、日本を筆頭に外国勢力の浸透を許容する政治環境が形成されていった。その点に留意しつつ、武器輸出が、政治操作や外交手段の道具として用いられた実態の把握に努める。

第二に、先行研究では充分に明らかにされてこなかった対中国武器輸出の実態を、より詳細かつ具体的に提示することである。その実態を追及するうえでは、主に戦前期陸軍省で武器輸出を担当した中国現地の駐在武官と本省との間で交わされた電文や外務省記録などを中心に検討する。本章で示す武器輸出の質量については、史料上錯綜・重複して示されているものが多いが、可能な限り実数に近いものを例示していく。

第三には、第一次世界大戦終了後、一連の対中国武器輸出が、本格化する日本の中国への軍事侵攻あるいは中国での覇権掌握との関連で、如何なる意味を持ったのかを追究することである。ここでは武器輸出が中国中央政府〔以下、中国政府〕に留まらず、各地域の督軍[*2]に向けても果敢に実施された現状を明らかにする。武器輸出計画の遅延や輸出停止などを巡り、日中間で混乱と軋轢が生起していくが、それは武器輸出の政治性に関わる問題である。

つまり、中国側が要請する武器供給が、戦力強化を目標とはしながらも、日本政府及び日本陸・海軍当局が如何なる勢力との関係を取り結ぶのか、という政治判断のなかで武器輸出行為が決定されていった歴史事実を追う。換言すれば、武器輸出が結果した中国国内政治の分断と、その分断の間隙を縫う形で日本の対中国軍事侵攻と日中戦争の開始まで続く武器輸出の実態との相互関係を分析することである。

また、以上の課題設定に絡み、以下の論述のなかで大量の兵器供給を仲介した商社や業者の実態、そして先行研究では殆ど着目されなかった武器輸出方法や価格設定等をめぐる日中間の軋轢・疑念・不満などが生じていた事実をも史料で検証していく。その意味は、武器輸出が当該期中国の国内における複雑な権力争奪の政治過程のなかで実行されたとの意味で、極めて政治的な作為として実行された。そこから、武器輸出自体が中国国内の政治の混乱と対立を助長する契機となったことである。

このように、対中国武器輸出は、決して順調に進められた訳ではない。武器輸出ならではの経済的取引以上に、政治的取引の性格を多分に内在させていたがゆえに、日中二国間の政治文化の相違や政治的思惑が交差するなかで、実は深刻な矛盾が生じていたのである。その矛盾が相互に不信と疑念を深め、輸出自体が頓挫した事例は数多かった。そうした事例をも指摘することで、武器輸出が孕む困難性や危険性をも指摘していきたい。

1　第一次世界大戦（一九一四－一九一八）期の対中国武器輸出の背景

兵器同盟論の展開と兵器統一問題

一九一一年一〇月一〇日に発生した武昌蜂起を契機とする辛亥革命前から、日本の対中国武器輸出は開始されていた。当時の中国政府は、革命軍討伐に必要な武器を日本から調達するため、在北京公使館付武官青木宣純〔以下、青木武官〕を通じて、相当額の武器供与を要請した。*3 そうした実績を踏まえて、日本陸軍内では中国への武器輸出に拍車をかけるための施策が練られていた。その一例として引用されるのが、一九一四年二月下旬に陸軍省兵器局長筑紫熊七によって作成された「帝国中華民国兵器同盟策」と、同年一一月に作成された「岡陸軍大臣提出　日支交渉事項覚書」*4である。

このうち先ず、「帝国中華民国兵器同盟策」で注目すべき箇所は、「平和ノ維持ハ兵力ヲ負フ外交ノ力ニ依リテ担保セラレ、兵力ノ強弱ハ兵器ノ供給補充ニ関スルヤ大ナリ、若帝国ニシテ支那ト兵器同盟ヲ締結シ其ノ陸軍ヲシテ本邦製造ノ兵器ヲ使用スルニ至ラシメンカ、其ノ供給補充ノ策源地ハ帝国ノ内地ニ存在スルカ故ニ施テ支那陸軍ノ強弱ヲ左右シ、終ニ彼ヲシテ帝国ノ行動ニ合致スルノ止ムヲ得サルニ至ラシムルヲ得ン」*5の部分である。

筑紫熊七局長は、他の個所でも「帝国ト中華民国トノ兵器同盟ハ東洋平和ノ保障ニ対シ急遽解決スヘキ問題」*6と兵器同盟の目的を「東洋平和ノ保障」としているが、本音は「支那陸軍ノ強弱ヲ左右シ、終ニ彼ヲシテ帝国ノ行動ニ合致スルノ止ムヲ得サルニ至ラシム」の件にあった。それは日本陸軍の見解でもあったと言える。ここには、兵器同盟の名により武器輸出を推し進め、中国陸軍の戦力統制により、日本の影響力を確保しようとする本音が語られている。

正確な日付が記されていないが、同時期に作成された「帝国 中華民国 兵器同盟内容ノ大要 第五号」には、「第一案（甲）漢陽兵器製造所ヲ漢冶萍煤鉄公司ニ合併スル案」、「第一案（乙）漢陽兵器製造所拡張案」、「第二案　奉天兵器製造所設置案」、「借款内容ノ大要」、「第三案　支那軍隊所要兵器売込ニ関スル計画案」、「帝国　中華民国　兵器同盟ニ関スル内案」等が検討されている。[*7] これは中華民国最大の兵器製造所を日本の借款により支配下に置く構想から準備された。同兵器製造所は、「対華二十一カ条」を中国側に突き付けた折に、日本はその権益を主張した。これには中国側の反発を招く結果ともなった。

この間、特に日本陸軍は強硬な対中国武器輸出を算段していく。具体的には、大隈重信内閣期の一九一五年五月二五日に締結された「対華二十一カ条」[*8] によって本格化する。同条第五号における「一、中央政府ニ政治財政及軍事顧問トシテ有力ナル日本人ヲ傭聘（ようへい）セシムルコト」及び「四、日本ヨリ一定ノ数量（例へハ支那政府所要兵器ノ半数）以上ノ兵器ノ供給ヲ仰キ、又ハ支那ニ日支合弁ノ兵器廠ヲ設立シ日本ヨリ技師材料ノ供給ヲ仰クコト」の二項に注目する必要があろう。

「対華二十一カ条」が日本政府によって提起される伏線として、日本陸軍の積極的な動きが存在した。そのなかで、本章の課題に関連する同条第五号四項が注目される。すなわち、「日本ヨリ一定ノ数量（例へハ支那政府所要兵器ノ半数）以上ノ兵器供給ヲ仰ギ、又ハ支那ニ日支合弁ノ兵器廠ヲ設立シ、日本ヨリ技師及材料ノ供給ヲ仰グコト」の箇所である。「対華二十一カ条」の内容については、中国政府及び、それ以上に中国世論の猛烈な反発が生じることになった。

当初秘密条項とされた第五号のなかで、この四項については中国側だけでなく、日本政府内部でも対立が表面化する。特に大隈重信内閣の加藤高明外相は、イギリスやアメリカの日本への警戒心を煽る結果となり、日本外交の基軸である日英同盟の脆弱化を招来する、との立場から反対の意見を表明していた。[*9]

ここで検討の対象とすべきは、兵器同盟と「対華二十一カ条」との関係である。確かに同条には、「日本ヨリ一定ノ数量以上ノ兵器供給ヲ仰キ又ハ支那ニ日支合弁ノ兵器廠ヲ設立シ日本ヨリ技師材料ノ供給ヲ仰クコト」と記されているが、それ自体は兵器同盟なる両国間の緊密な関係を明示したものではない。これには二つの要因があったと思われる。一つは日英同盟を日本外交の主軸と捉える加藤高明外相の反対、もう一つは中国政府及び中国世論における同条自体への反発である。「兵器統一」が日本側の強制によるものであったことは明かであったのである。[*10]

とりわけ、この「兵器統一」に関連して、当時北京公使館付武官であった町田経宇は、同年九月二一日、外務次官宛に「欧州大戦ニ当リ我国ガ中国ニ於イテ獲得スヘキ事項ニ関スル件」[*11]を送付し、「軍事上ノ連鎖ヲ鞏固ナラシムル等ノ内約ヲ与ヘハ、彼ヲシテ我要求ニ応セシムルコトハ出来得ヘカラサルコトニハアラアスト信ス」ることが、実に兵器同盟の目的であるとした。

しかしながら、日本陸軍の兵器同盟政策の実行は、政府部内でも必ずしも意思一致がなされた訳ではないこともあり、結局は頓挫する。膠着状態に陥っていたのである。加藤外相は英米との軋轢を回避するためにも、日本が中国に従属を強いる方針には反対であった。一方、山県有朋を筆頭とする有力者たちは、第一次世界大戦の機会に中国本土に確固たる足場を築くためにも、中国の取り込みこそ優先課題だと主張していたのである。

日中軍事協定の優先度の高い目的として、北京駐在武官斎藤季治郎〔以下、斎藤武官〕は以陸軍大臣田中義一宛の「対支那兵器供給並統一ニ関スル件報告」と題する電文の冒頭で、「支那ニ於ケル兵器統一ノ実ヲ挙ケント欲セハ、此好機ニ於テ現在採リツツアル手段方法ヲ一層改善シ、極力之カ実現ニ努ムルヲ要ス」としたうえで、「今ヤ支那ニ於ケル兵器ノ補給ハ唯日本ニ頼ルノ外他ニ策ナキヲ以テ、支那官憲ハ爾今兵器ノ供給ハ必之ヲ日本ニ仰キ、決シテ欧米諸国ニ仰クコトナキヲ明言シ、又実際ニ於テ彼等ハ止ムヲ得ス茲ニ其供給ヲ受ケツツアル[*12]」と記していた。

ここでは日本の対中国武器輸出の二つの主目標が赤裸々に記されている。一つには、日中間での「兵器統一」政策である。兵器統一によって、日本は対中国武器市場に絡み、欧米を凌駕する独占状態とし、軍事的連携を踏まえて政治外交上の主導権を握ろうとした。加えて経済的利益確保においても、欧米との競争で優位を占めようとした。

それで、斎藤武官が記した上記の内容は、日中軍事協定締結を推進した田中義一陸軍大臣の構想と符合するものであった。この過程で獲得された日本の対中国武器輸出は、当初中国政府を主要対象とされていた。その後、次第に中央政府と対立・競合する地方有力組織をも対象とすることになる。日本政府としては、中国政府が必ずしも盤石な政権とは見ておらず、地方を基盤とする諸勢力との関係も、武器輸出を通して確保しておこうとする政策を採用していたのである。

日本政府及び日本陸軍が、日中軍事協定を推進する目的として、日中両国の兵器統一を射程に据えて動いていたのである。この兵器統一は、日本陸軍の対中国武器輸出の最大目的の一つであり、この時点で中国側は、これに賛意を明確にしていたのである。中国政府の同条約への捉え方を知る一つの史料として、一九一八年六月一〇日付の山田隆一陸軍次官より斎藤武官宛電文のなかで、「軍事協約成立後ノ今回支那中央政府ハ此ノ兵器ニヨリ堅実ナル軍隊組織ノ誠意アルモノト解シ、支払条件ハ従来ノ中央政府ロト関係ニテ払下ルニ決ス」[*13]とあり、同協定締結が中国中央政府軍の装備強化に直結するものとする。

中国政府の各地督軍への兵器供給に関連し、同資料の「支特報第十八号（密第四六一号 其一二五）」に収められた「対支那兵器供給並統一ニ関スル件報告」と題する文書が、「大正七年十月二十五日」付で斎藤武官から田中義一陸軍大臣宛に発出されていた。

その冒頭で、「支那ニ於ケル兵器統一ノ実ヲ挙ケント欲セハ、此好機ニ於テ現在採リツツアル手段方法ヲ一層改善シ、極力之カ実現ニ努ムルヲ要ス」[*14]とし、現在の兵器製作諸原料の高騰のなかで、欧米諸国の対中国武器輸出は従来の如く低価格では不可能となり、とりわけドイツやロシアは中国への武器輸出の折、兵器自体が廃品に近い状態でありながら、新兵器の如くに偽装して輸出を進めていると批判する。

そうした実情のなかで、斎藤武官は、「今ヤ支那ニ於ケル兵器ノ補給ハ唯日本ニ頼ル外他ニ策ナキヲ以テ、支那官憲ハ爾今兵器ノ供給ハ必之ヲ日本ニ仰キ決シテ欧米諸国ニ仰クコトナキヲ明言シ、実際ニ於テ彼等ハ止ムヲ得ス茲ニ其供給ヲ受ケツ、アル」[*15]状態であり、「支那軍隊ニ可成多数ノ兵器供給ヲ奨励実現セシムルコト目下ノ急務ニシテ、又実ニ機宜ニ適シタル処置ト思惟ス」[*16]と述べて武器輸出に積極的に取り組むことを具申している。この発言は、当該期における日本陸軍の対中国武器輸出の方向性を具体的に示したものと言えよう。

こうした日中両国の思惑が錯綜するなかで、膠着状態に変化が現れる。それは中国国内における第一次世界大戦への対応をめぐる動揺と、一九一六年六月六日の袁世凱総統の死去を起点とする軍閥間の争いの激化である。それで中国政府は、軍閥間と革命勢力の台頭による危機感のなかで、これを鎮圧して秩序回復の為に戦力の充実を図ることが急務となった。そのために、日本の武器輸出を強く要請するに至ったのである。このように、対中国武器輸出は、日本側の一方的な動きだけでなく、中国側の国内事情、とりわけ中国の中央政府の強い要請という背景も存在したのである。それもあって日本の対中国武器輸出量も膨大となっていった。

参戦問題と日中軍事協定

第一次世界大戦開始前後の中国では軍閥割拠の時代であった。軍事力を権力基盤とする袁世凱が辛亥革命以後、中華民国北京政府の最高権力者として大総統の地位にあった時代である。軍事力を権力基盤とする袁世凱大総統が死去すると、後継者たちは直系（直隷派）、皖系（安徽派）、東北の奉系（奉天派）、晋系（山西派）、馮系（西北派）等の各分派に分裂する。以後、分派間あるいは同一派内の有力者間で抗争を繰り返していた。

特に安徽派の段祺瑞(トワンチールイ)が勢いを得ていたが、他にも馮国璋(フォングォチャン)（後に曹錕(ツァオクン)・呉佩孚(ウーペイフー)）の直隷派、張作霖(チャンツォリン)の奉天派、孫文の南方革命派が割拠する状態にあった。一九一七年七月、北京政府の最高指導者となっていた段祺瑞は、国内の軍閥間の争乱を収め、軍事力による国内統一を目指し、武器入手先である日本への働きかけを急ぎ進めるに至った。その最初の具体例が段政府の陸軍次長であった博良佐（フーリャンズオ）は、斎藤武官と面談し、速射山砲一二〇門、速射野砲六〇門、一六吋臼砲（あるいは榴弾砲）六〇門、三八式小銃二万挺の供給を依頼した。[*17]

さらに翌年一九一七年八月一七日、陸軍次長徐樹錚（シューシューヂョン）は、斎藤武官宛書簡において、三八式歩兵銃々剣共四万挺、同弾薬八〇〇万個、三八式三脚機関銃一二〇挺、同弾薬六〇〇万個、四五式砲身捻座式山砲一二〇門、同七万二〇〇〇個、同榴弾一万二〇〇〇個、四五式砲身後座式野砲一二〇門、同榴霰弾（りゅうさんだん）七万二〇〇〇個、一五サンチ榴弾砲八門、同弾薬四八〇〇個、一二榴弾砲一二門、同弾薬七二〇〇個を中国側の希望する兵器としてリストアップしていた。[*18] 中国側の武器供給の要請に対し、日本政府は中国政府を中心に、各派からの要請に対し、特定の勢力や組織に偏向せず、供給を実行する方針を持って臨むとしていた。[*19]

こうしたなかで、中国の国内政治では、ヨーロッパで始まっていた第一次世界大戦への参戦問題が浮上してくる。逸早く参戦を主張する段祺瑞や梁啓超と、参戦に反対する孫文や黎元洪（リーユエンホン）総統とが激しく対立する。黎総統は国務院総理であった段祺瑞を罷免したところから安徽、河南、奉天、山西、陝西、浙江、福建などの軍閥を巻き込む政争となり、中国政治は混乱に見舞われる。

一九一七年七月、安徽省督軍の張勲が敢行した復辟〔帝政復活〕が失敗した機会に、段は再び政権を奪取した。これを境に中国政府は参戦派が有利となり、一九一七年八月一四日にドイツ・オーストリアに宣戦布告をする。それでも北京政府の主力を占めていた直隷派は、参戦反対の姿勢を崩さず、段は退任することで参戦反対派を懐柔しようとした。

中国政治が混乱を深めるなかで、日本政府は田中義一参謀次長を中心に日中軍事協定の締結を図ろうとしていた。その背景にはロシア革命（一九一七年）以降、ロシアの中国東北部への浸透を警戒するところとなり、同時に中国国内の混乱に乗じて、中国への圧力と影響力を強化しようとしたのである。そこで軍事協定の締結を契機に、中国を日本の統制下に置く計画が図られた。

当時、日本では寺内正毅内閣が、同年一月より段祺瑞政権に大規模な借款（西原借款）を提供し、それを原資として対中国武器輸出に拍車をかけようとしていた。[20]この結果、同年五月一六日に「日支陸軍共同防敵軍事協定」が、同年五月一九日に「日支海軍共同防敵軍事協定」が、それぞれ中国側の要請を日本政府が受け入れたとの形式を踏んで成立した。これらの協定名を本章では日中軍事協定と略す。

日本政府の軍事協定に対する姿勢は、中国政府との協定締結交渉を担った北京大使館付武官坂西利八郎〔以下、坂西武官〕らの次の田中参謀本部次長宛の言葉で示されている。すなわち、「我トシテハ赤裸々ニ財政ノ状態、各級幹部能力ノ程度（募兵ノ状態及其素質）兵器、弾薬、被服其他一般軍需品準備ノ状況ヲ詳細ニ示シ、其不足ノ点ハ日本ノ同情アル援助ヲ求メ、只我レトシテハ国家ノ体面ト国憲ノ保持トヲ務ムルノ真意ヲ通スルニ於テハ、日本トシテモ我意ヲ諒トシテ喜ンテ我レヲ扶掖スルノ労ヲ惜マザルヘシ」[21]と。日中軍事協定は段祺瑞政権を支援する、文字通りの軍事支援の方途として、田中義一参謀次長が中心となって案出されたものであった。

しかし、その内容が露骨な中国政治への介入意図のため、中国政府部内でも種々の論争が繰り返された。とりわけ、段祺瑞政権と南方派との対立が深刻化する。段が日本から入手した武器を使用して南方派を排除する意図が明らかになるや、次第に段政府は苦境に立たされることになった。安定した日本の対中国武器輸出を担保した日中軍事協定は、中国における南北対立の原因ともなっていた。そのことから、一九一九年二月二〇日、上海で開催された南北和平会議でも重要課題とされた。そこでは同協定の廃棄が主張され、翌一九二〇年二月七日には、広東の広州で成立した広東政府が同協定取消を中央政府に打電した。段祺瑞は存続を主張するも、反段勢力が廃棄を主張し、しかも協定を廃棄すれば南北対立は解消されるとの了解がなされた。

しかし、両勢力間での妥協は成立せず、同年七月に段祺瑞の安徽派と、これに対抗する直隷派との対立から安直戦争が起きた。段の支持勢力が弱体化したこともあり、翌年一九二一年一月に同協定は廃棄されることになった。[*22] 結局、翌一九二〇年七月、広東政府は軍事協定の廃棄を打ち出したことを契機に、最終的には一九二一年一月に廃棄を決定する。

この間の経緯を要約すれば、日中軍事協定が南北対立の原因となったのであり、協定廃棄が対立解消の決め手になるとの判断が動いたのである。日本政府は、これら一連の中国の動きからして、協定廃棄は致し方なしと捉えていた。日本政府は、日中軍事協定が中国の世論を含め、中国の日本への従属を強いるものとの批判が強いことを感知しており、協定継続はむしろ支援する段祺瑞政権にとってもダメージに結果すると警戒したのである。[*23]

さらには、安直戦争で段が敗北を喫したことも、日中軍事協定の継続を困難とするものであった。こうした日中間の関係や中国国内事情の変容にも拘わらず、日本の対中国武器輸出は着々と進められていた。当然ながら、以上で追った中国国内事情が、武器輸出の内実に深く影響していく。つまり、当初中国中央政府を主な輸出相手としたものから、それ以外の中国各地の督軍など、輸出対象の拡大が顕著となってくる。その結果、拡大する対中国武器輸出が、中国国内政治の混乱と対立を一段と深刻なものにしていった。

日中軍事協定を梃に武器輸出の可能性は最大限に引き上げられたが、協定廃棄後にも様々な形式で日本の対中国武器輸出は継続された。ただ武器輸出を阻む要因として、中国側の資金問題が桎梏となっていた。だが、日本は中国側に無担保借款など便宜を図ることへの申し出を行っていた。そうすることで、武器輸出の維持拡大を図ることに終始注力していったのである。

2　第一次世界大戦以後における対中国武器輸出の実態

中国政府への武器輸出と矛盾の表出

以下、日中軍事協定締結の一九一八年五月から協定廃棄の一九二一年一月までの対中国武器輸出の実態を追っておきたい。第一次世界大戦が終了し、世界の武器輸出市場は相対的に鎮静化する方向に向かっていた。その一方で、日本は主要輸出相手国であったロシアへの武器輸出がピークを過ぎるに反比例して、これを補完するため中国への武器輸出に一段と注力していった。[*24] しかし、中国の国内事情ゆえに、日本の対中国武器輸出拡大は容易ではなかった。

すなわち、輸出対象者を充分に吟味しないまま、武器要請者への輸出を実施していた傾向が強く、それもあって日本政府と中国政府との間に兵器供給に絡み軋轢が生じていた。それを解消するため、陸軍側は積極的に兵器供給先を厳密に選別する措置を講じるようになった。ただ、この選別方法をめぐり、陸軍省と外務省との間に対中国政策の相違から対立も生じていた。具体的には山東、福建、浙江省向けの兵器供給の進め方についての対立である。

例えば、一九一八年一月一〇日、山田隆一陸軍次官宛に斎藤武官は、以下のような電文を送付している。そこでは兵器供給の取り扱いについて、輸出相手先とすべき状況を踏まえ、柔軟に対応すべき旨を伝えていた。

すなわち、「供給期限ハ中央政府へ供給後ナルヲ以テ、本年十月ト承知アリタシ　◎支極秘二〇三山東督軍行ノモノ及支極秘二〇八問合ノ福建行ノモノハ中央政府承認済ノモノナルヲ以テ換言セハ、此乃為ハ支那中央政府ニ於テ購入ノ上山東又ハ福建ニ分配セルモノト見做スヲ得ヘシト信ス、果シテ然リヤ詮議上必要ニ付至急返　◎山東行兵器契約成立セハ支極返　◎山東行兵器払下問題解決シ至急契約成立セハ、支極秘二〇九ノ機関銃ノ如キモ本年六・七月頃ヨリ毎月三十挺位ノ供給ヲ為シ得ル見込ナリ」[25]とし、さらに「参考」として、「支那中央政府承認ノ意味ニ就キ当省ト外務省側ト見解ヲ異ニセル所アリ、斎藤少将ヨリ回答ヲ待テ当省意見通ナレハ、之ニヨリテ全部要求ニ応ス可キ内意ヲ以テ本電ノ通[26]」とある。

つまり、中国の諸勢力への武器輸出については、外交上日本政府が対中国政策の展開上不利益が生じないように慎重な姿勢を採ろうしたのに対して、日本陸軍がその差別化についてはさ程慎重でなかったことが文面から受け取れる。それで現地で対中国武器輸出先の選定業務を担っていた斎藤武官は、同じく同月一二日の山田陸軍次官宛の電報で、「尚右兵器供給応諾ノ上当該地方ニ向ケ直接輸送セムベキヤ、或ハ一旦他ノ関係ナキ地方ニ輸送ノ上更ニ転送セラルヘキヤ、卑見ニ依レハ既ニ中央部ニテ購入シ他ニ分配スル形式備ハル以上ハ、当該地方ニ直接輸送セラルルモ差支ナキカト考察スルモ為念御都合承知シタシ」[*27]と記す。批判を回避するために購入希望者に直接輸送するのではなく、第三者に一旦輸送し、中央政府を経由して供給要請者に郵送する方法を検討している旨が記されている。

流石の陸軍も日本政府、とりわけ外務省の外交上の憂慮を払拭する手立てを講じていたのである。ただ、この兵器引渡の方法を巡っては輸送経路、兵器代金など多義にわたる課題が生じていた。実際にその後も斎藤武官は日中双方にとって円滑な武器輸出の実施方法の案出に苦慮していた。それで、同月の「支那行兵器輸送ニ関スル件」(西密受第四六一号、大正七年一月二九日)には、山田陸軍次官宛に以下の電報を送付していた。

すなわち、「山東、福建、浙江ニ供給スベキ兵器ニ関シテハ支極秘七ヲ以テ電報シ置ケルガ本日本職ハ陸軍総長ニ会見シ、以上各省使用兵器ハ中央ニ於テ購買シ、各省ニ分配スルモノト了解シテ可ナルベキヤヲ問ヒタルニ、段ハ其通リ了解セラレテ可ナリトシ、之ニ関スル契約ハ各省ニ於テ締結スルヲ以テ当方ヨリ別ニ書面ニテ証言セス、其辺了承アリタシ」[*28]と。ここには「各省使用兵器ハ中央ニ於テ購買シ各省ニ分配スル」方法が提案されていた。この方法によれば、外務省が懸念する日本政府と中国中央政府との軋轢を生むこともなく、表向きには日本政府が中国政府を支援している格好を保つことが可能と踏んだのである。

この斎藤武官の提案が事実上容認されたこともあり、一九一九年一月に中国政府の参謀総長に就任した張懐芝(ジャンファイデー)から、三〇年式小銃三〇〇〇挺、三八年式小銃三一〇〇挺の供給の要請があった。張総長の要請には、段祺瑞の了解を得たのち供給が実行される見込みとなった。

この時期、対中国武器輸出実績を示す史料が数多く存在する。特に中国政府以外にも、各省の督軍宛への供給が実施に移されている。例えば、一九一八年一月二九日付で、閣議に「支那中央政府ヨリ要求兵器ノ追加トシテ指定督軍ニ兵器供給ノ件右閣議ニ供ス」とする内容の覚書が提出されている。中国政府以外にも山西、陝西、河南の各督軍に向けての兵器供給が本格化していたことを示している。[*29]

その内容は、「客年〔昨年大正六年〕十一月以来支那中央政府山西陝西及河南督軍ニ対シ兵器供給ノ契約ヲ締結シ、山西陝西両省ノモノハ既ニ全部陸軍官憲ヨリ払下ヲ完了シ目下輸送中ニシテ、中央政府ノ分モ亦既ニ輸送ヲ開始シ本年九月迄ニ之ヲ完了スヘク、河南督軍ニ対シテハ本年十月之カ供給ヲ実施セントス、然ルニ客年十二月中旬以来福建山東浙江ノ諸督軍ノ要求ニ対シ支那中央政府ヨリ再三之カ応諾ヲ公使館附武官ヲ通シテ悃請シ来リシモ、時局ニ照シ之カ供給ノ契約並契約乃実施ヲ遷延来リシモ更ニ之ヲ遷延センカ徒ラニ彼國政府ヲシテ疑ヲ抱カレムルヲ恐ルルニ至レリ、依テ前記三省ハ勿論今後其他ノ地方督軍ノモノニ対シテモ左記ノ方針ヲ以テ実施スルコトト致度[*30]」とする内容である。

この文面に見出されるように、武器輸出に関して搬入方法や時期、契約方法等については混乱が相次いだ。混乱ぶりを示すものとして、同年四月一一日付の山田陸軍次官宛斎藤武官の電文には、凡そ一ヵ月前の事情に絡め、「山東、浙江、福建省三省督軍用兵器ハ三月二十日及二十八日、二回ニ契約ヲ取極メタル時、本日陸軍総長〔段芝貴〕ヨリ右兵器ヲ至急受取タキ旨申入レタリ、泰平公司ニモ下命ノ上ナルベク右要求ニ応ズル様取計アリタシ」[*31]との文面があり、同月三一日には、「三月三十日附ヲ以テ陸軍総長段芝貴ヨリ今般左記兵器ノ講(ママ)〔購〕買契約ヲ泰平公司トノ間ニ丁(ママ)〔締〕結セシニ伝達方依頼シ来リ候條払下御承諾相成度候也」としたうえで、阿拉善(アルシャー)親王〔甘粛省属西套蒙古〕に対して、「三〇年式歩兵銃　二百挺　三八歩兵銃　二百挺　南部式拳銃　二十挺　同弾薬四千発」[*32]を輸出する旨が記されている。

しかし、各方面からの数多の発注には、充分な対応が困難となりつつあった。その原因としては発注量が膨大に上ったこと、従来の如く大々的な輸出政策がアメリカなど諸外国から警戒と不信を招きつつあり、これを考慮せざるを得なくなったこと、輸出用武器総量に限りがあったこと等が指摘できる。

こうした要因は、実は潜在的には第一次世界大戦開始年頃から内々には認識されていたことであった。矛盾は一気には表面化しなかったものの、大戦末期から日中軍事協定の廃棄が俎上に挙げられるに従い、深刻な課題となってくる。とりわけ武器輸出の遅延と、価格設定問題をめぐる日中間の軋轢は、頂点に達しつつあったのである。

遅延する武器輸出と価格設定問題

表向きには以上で追ったように武器輸出は顕著な動きをしているものの、その一方では遅延問題が浮上してくる。例えば、斎藤武官は山田陸軍次官宛に、同年四月二〇日付の電報「密第四六一号」では、「十三日附段陸軍総長ヨリ甘粛省督軍用三八式歩兵千挺同騎銃五百、各銃弾薬五百発山東塩運使用三八式歩兵銃七百、弾薬一四万発ノ売買契約ヲ泰平公司ト締結セシニヨリ政府ニ伝達アリタキ旨申出タリ払下承諾アリタシ[33]」と記されていた。さらに、同年四月三〇日付で斎藤武官が段陸軍総長より、「浙江省用三八式歩兵銃二千挺、弾薬二万発ヲ泰平公司ヨリ購買シ度キニ就キ、政府ニ伝達サレ度キ旨依頼シ来レリ、払下承諾アリ度シ[34]」とする電文が送付された。

この電文を含め、段芝貴とのやり取りを示す電文のうち、武器輸出に関する文面には、「段芝貴ハ小銃殊ニ其実包ノ迅速ナル輸送ヲ希望シテ曰ク、聞ク所ニ依レハ泰平組合既ニ陸軍省ヨリ二万ノ小銃ト二千万ノ実包ヲ受領セシニ拘ラス船ヲ撰フ為来ラサルナリト、果シテ然ラハ特ニ貴部ヨリ督促シ運賃ノ如キハ多少ノ犠牲ヲ拂フトモ、遅クモ一週間内ニ第一実包、第二小銃、第三機関銃―若干ヲ送ル様是非御配慮頼ムト懇願セリ、右実包ハ過日モ懇願セル如ク事実余程ニ急ヲ要スルカ如シ、又時局維持上必要ト認ム然ルヘク泰平ヘノ御指図ノ上、其結果泰平ヨリ至急当方ヘ返答サセラレタシ[35]」とし、武器輸出が必ずしも円滑裡に進んでいなかった実態が示されている。

日本陸軍と中国政府との武器輸出を巡るやり取りのなかで、中国側から発注に対して迅速な対応を求める声が強く出されており、日本側は泰平組合を媒介として、これに応える姿勢を強調してみせた。このやり取りに示された対中国武器輸出の実績を、一九一八年八月から翌年の一九一九年四月までに限り、実際にどの程度の輸出が実行されたかを見ておく。「第二回支那中央政府行兵器供給期限区分表」[*36]（**表1**）に依れば以下の通りである。

表1

品　　目	注文総員数	担任工廠
三八式歩兵銃	85,000 挺	東京工廠
同携帯予備品	8,500 個	東京工廠
三〇年式銃剣	85,000 振	東京工廠
三八銃剣	85,000 振	東京工廠
三八式銃実包	87,500,000 発	東京工廠
三八式機関銃	198 挺	東京工廠
同実包	9,900,000 発	東京工廠
六年式山砲用榴弾薬筒	16,200 発	東京工廠
三八式野砲砲車	72 台	大阪工廠
三八式野砲用弾薬車	108 台	東京工廠
六年式山砲砲車	162 台	大阪工廠
三八式野砲用榴弾薬筒	7,200 発	東京工廠

JACRA：Ref.C10073201700、画像頁　0408-0412より作成

その他にも小粒薬（一一万七〇〇〇）、山砲薬莢（八万一〇〇〇）、一号形薬（八万一〇〇〇）、野砲薬莢（三万六〇〇〇）、一号帯状薬（三万六〇〇〇）等多種に上った。凡そ一年間で急速に武器輸出が伸びたのは、中国の参戦問題と絡み、日本の強い武器輸出政策があったからである。ここに示された武器の種類や量は、以後の起点となる。対中国武器輸出を円滑に進めていくうえで、経費問題や仲介業者（商社）など実に様々な障害が存在した。そのなかで最も大きな課題が経費問題である。経費問題をめぐり、日本政府や陸海軍、それに仲介者と中国政府との間で軋轢や行き違いなどが頻発していた。[*37]

その一例を挙げれば、一九一八年一〇月二六日付の「次長ヨリ在上海松井大佐へ」の

表2

名　称	甲額（円）	乙額（円）	供与先	丙額（円）
三八式歩兵銃及騎銃	33	50	地方口	66
			中央口	64
三八式実包（一万発ニ付）	750	1,020	地方口	1,346
			中央口	1,305
三八式機関銃	1,400	2,020	地方口	2,969
			中央口	2,588
同実包（一万発ニ付）	850	1,140	地方口	1,504
			中央口	1,459
三八式野砲砲車	6,000	10,000	地方口	14,256
			中央口	13,824
六年式山砲々車	4,000	72,00	地方口	9,504
			中央口	9,216

JACRA：Ref.C10073202200、画像頁0512より作成

通牒（電報）では、前年八月に馮国璋が北京入りして北京政府〔北洋政府〕の代理大総統に就任するや、江蘇督軍に就任していた李純（リーチュン）が、小銃七〇〇〇挺、実包一四〇〇万発の購入を希望し、日本政府は泰平組合を通じて応じたとしている。[*38] 督軍への兵器供給は活発に実施されたが、ここで問題なのは輸出に必要な経費問題である。

それで輸出促進のためには、第一に供給期日を明確にすること、第二に中国側の要求希望に沿うよう努力すること、第三に供給には充分誠意を持って対応すること、第四に荷造りを用意周到にすること、等の諸注意を列挙する。そして、「実地現物ヲ最迅速且ツ果敢ニ而モ厚意的ニ支那全軍隊ニ可成多数ノ兵器供給ヲ奨励実現セシムルコト目下ノ急務ニシテ、又実ニ機宜ニ適シタル処置ト思惟ス」[*39] としている。

また、武器輸出の促進方法として「第二、価格ヲ一層低廉ナラシムルコト」[*40] とし、製作費単価か

ら泰平組合への払下単価、そして泰平組合が支那側への売却価格の間に相当の高値が設定されている現状を指摘している。価格の設定問題について、その実情を以下の資料で見ておこう。「製作費実費単価ノ概額（円）」（甲額）、「日本官憲ヨリ泰平組合ニ払下単価ノ概額（円）」（乙額）、「泰平組合ヨリ支那側ノ売渡ノ単価（円）」（丙額）とする。以下の（**表2**）を参照されたい。

兵器製造所（工廠等）の純利、工場費、器械器具費、設備費、荷造り費、運賃に保険料などが加算されとしても、甲額と丙額との格差は著しく、なかでも機関銃や砲車など高額兵器の上げ幅が目立つ。乙額から丙額の格差も大きく、特に機関銃は二倍近く、砲車も約四割高となり、泰平組合が高利益を得ていたことが窺われる。一九一八年一〇月二〇日現在の兵器供給の実数を記しておく。

先ず、供給先は順に書き出すと、山西、陝西、第一中央、安徽、福建、徐州、第一綏遠、第二綏遠、第一浙江、第一山東、直隷、蒙古、第一甘粛、第二甘粛、塩運使、吉林、河南、第二浙江、第二山西、第二中央、浙江省長、第二福建、龍巡閲使、黒竜江、湖北、同追加、第二山東、浙江等となっている。これら諸地域への武器の種類と因数は以下の通りである（**表3**）。品種と上記の輸出先への

表3

武器・弾薬	員　数
三〇式歩兵銃	24,100 挺
三八式歩兵銃	187,001 挺
三八式騎兵銃	1,733 挺
三八式実包	53,060,000 発
三八式機関銃	512 挺
機関銃実包	22,400,000 発
三八式野砲	210 門
同上榴霰弾	112,000 発
同上榴弾	8,200 発
六式山砲	340 門
同上榴霰弾	174,300 発
十二珊榴弾砲	12 門
同上榴霰弾	2,400 発
十五珊榴弾砲	18 門
同上榴霰弾	960 発
三一式速射山砲	14 門

JACRA：Ref.C10073202200、画像頁 0521-0523 より作成

合計員数を記しておく。

兵器輸出の手順については、基本原則として、中国政府が日本に注文し、支払は各督軍が兵器輸出の媒介業者である泰平組合を介して執り行うこととなっていた。その文面には、「支那ニ輸出スル兵器ハ表面中央政府ノ注文品ノミト限定シアリ、依テ申越ノ兵器モ他ノ督軍ト同様中央政府ヨリ申込ノ形式ヲ採ラシメラレタシ、仕払ハ督軍ヨリ直接泰平組合ニ実施セシメテ可ナリ、委細ノ手続ハ同組合ヨリ督軍側ニ申出デシムル筈、含ミ置カレタシ」[*41]とある。

こうして日本側としては、あくまで中国政府を介することにより、武器輸出の安定性を担保可能となったこと、各督軍との直接取引による中央政府との軋轢を回避できたこと、特定の勢力に偏在していた傾向を是正できたこと、等のメリットがあったと考えられる。

地方軍閥への武器輸出と担い手

中国政府への武器輸出を基本としながらも、日本陸軍は中国各地に勢力を張りつつ、中央政府との対立と妥協を繰り返す地方諸勢力にも果敢に武器輸出を行っている。

例えば、一九一八年九月三日付で当時参謀本部付の哈爾濱(ハルピン)特務機関長であった武藤〔信義〕少将の名前で参謀次長〔田中義一中将〕宛に以下の電報を発出している。即ち、「一、烏蘇里(ウスリー)方面ニ行動スル友軍ト策応スル目的ヲ以テ、黒龍方面ニ親露哥薩克(コサック)軍編成ノ企画アリ、従来多少ノ兆候アリシカ目下五百乃至千名ヲ募集シテ既ニ一支隊編成中ナリ、其所要数トシテ第一期分左ノ兵器ヲ希望シ来レリ、現在ノ形成ヨリ是レカ支給ヲ有利ト認メラレアルヲ以テ領事ヲ経テ既ニ公式ニ申込ミタル筈ナリ」としたうえで、「機関銃十二、小銃一〇〇〇、騎銃五〇〇、小銃弾百五十万、拳銃二〇〇、軍刀五二〇」と記し、さらにチェック軍から追加要請として、「騎銃三五〇、軍刀二〇〇」等が記されている。[42]

さらに、一九一八年九月一八日付で参謀本部は外務大臣宛に「黒龍哥薩克軍編成ノ為兵器供給ヲ有利ト認メ別紙ノ通供給方取計ハシメ候條承知相成度候也」[43]とし、兵器供給によりコサックとの連携を図ろうとした。そのため陸軍兵器本廠に至急宇品までの搬送を要請する旨の通達を陸軍運輸部に提出している。その費用は一一五〇円とし、陸軍東京経理部に請求するようにとした。その前後、東京工廠には臨時軍事費六万七二六二円五〇銭の費用にて至急製造し、陸軍兵器本廠に引き渡す要請書を提出している。

また、「黒龍支隊ニ武器交付ノ件照会」（大正七年九月七日付）で参謀総長上原勇作からの陸軍大臣大島健一宛文書において、「今般、黒龍哥薩克軍編成ノ為第一期所要兵器トシテ左記兵器弾薬交付方請求アリシ所、之レカ支給ヲ有利ト認メラル、ヲ以テ至急詮議相成度候也」とし、主な兵器として機関銃（六挺）、小銃（五〇〇挺）、騎銃（二五〇挺）、小銃弾（七万五〇〇〇発）、拳銃（一〇〇挺）、軍刀（一〇〇振）を交付するとした。

第一次世界大戦開始以後、特に中国の参戦が決定されて以降から大戦終了以後も含めて、日本の対中国武器輸出は一貫して継続された。その主要な担い手は、日本陸軍の意向を受けた泰平組合であった。但し、これまでの先行研究では、泰平組合が唯一の武器輸出商社という位置づけが圧倒的であったが、輸出商社は泰平組合に留まらない。

泰平組合に代表される武器輸出会社に対し、売却交渉の方法についての批判が、受け入れ先の中国側だけでなく、日本政府部内や輸出関連企業などから起きていた。特に、泰平組合が、その独占的な地位を利用してか、中国側の分割払い提案を受け入れない硬直した姿勢を批判する。

すなわち、武器輸出政策の現地における責任者であった斎藤武官は、「既ニ該政府ニテ支那陸軍部ニ供給ヲ承諾セルコトヲ回答シ為ニ今以テ泰平組合ト支那側トノ間ニ売買契約ヲ締結スルニ至ラス、右ハ最近泰平組合ガ支那側ニ対シテ代金支払方ノ要求過酷ナルニ依ル、即従来地方督軍用ノモノハ現金支払トシ其代金授受ハ三期ニ分タル契約締結ト同時ニ総代価ノ三分ノ一、現物積立シノ通知ト同時ニ三分ノ一残余ノ三分ノ一ハ現品ト引換ニセリ[*44]」とし、泰平組合の従来の輸出方法について厳しい批判を展開する。

泰平組合の過剰なまでの利益第一主義を批判しつつ、当該期における日本の対中国武器輸出が欧米諸国と比較して優位にあることに触れる。そして、「兵器ヲ同一制式タラシメントスル兵器制作ヲ実行セントスルニ方（あた）リ、泰平組合ハ我政府ノ指定ニヨリ既ニ莫大ナル利益ヲ獲得シアルニ拘ラス、政府ノ独占ヲ利用シ過酷ノ交渉ヲナシ為メニ売買交渉ヲ渋滞セシメ、殊ニ欧州戦争不要兵器ノ多数ヲ生セントスル事等ハ少シモ顧慮セス、我兵器政策ノ進行ヲ阻碍スルハ以テノ外ナル次第ナルニヨリ至急厳重ナル誡飭（かいちゃく）ヲ加ヘラレ、以テ其弊ヲ矯正セラレ度シ[*45]」とし、日本の「兵器政策」にも齟齬を生じさせていることから、懲戒を意味する「誡飭」の用語まで持ち出し、厳しい処分さえ辞さないとまで断じる。

これは泰平組合と日本陸軍が従来の研究では表裏一体かつ日本陸軍の統制下にあって厳しく統制

していたとする解釈から逸脱する見解である。

既述の通り、泰平組合は、原価と比較した相当額の価格吊り上げを意図的に行っていた。

先ず、一九一八年三月三一日付で斎藤武官から山田陸軍次官宛の「兵器払下相成度件通牒」には、「三月三十一日付ヲ以テ陸軍総長 段芝貴(ドゥアンジーグィ)ヨリ今般左記兵器ノ購買契約ヲ泰平公司トノ間ニ訂(ママ)〔締〕結セシニ付我政府ニ伝達方依頼シ来リ候條払下御承諾相成度候也」[46]あり、阿拉善親王〔甘粛省属西套蒙古〕用として三〇年式歩兵銃二〇〇挺、歩兵弾薬二〇万発、南部式拳銃二〇挺、同弾薬四〇〇〇発の発注に対し、泰平公司を仲介して払下するとしている。これに対して陸軍次官は、斎藤武官への四月一〇日付の回答電報のなかで、「三〇年式銃ハ供給出来ズ其他ハ払下異存ナシ委細泰平組合ニ内示ス」[47]と記していた。

さらに、同年四月二〇日付の山田陸軍次官宛の斎藤武官による電文には、「段陸軍総長ヨリ甘粛督軍用三八式歩兵銃千挺同騎銃五百各弾薬五百発山東塩運使用三八式歩兵銃七百弾薬一四万発売買契約ヲ泰平公司ト締結セシニヨリ政府ニ伝達アリタキ旨申出タリ払下承諾アリタシ」[48]とある。泰平公司は、中国政府を通じて各省督軍など地方勢力との武器売買を果敢に担っていた。そのことは、前後するが四月一〇日付の次官宛の斎藤武官の電文に、山東・浙江・福建の三省督軍から兵器供与の要請が中国政府陸軍総長を経由してあったことを伝え、「泰平公司ニモ下令ノ上ナルベク右要求ニ応ズル様取計アリタシ」[49]とあることからも推察される。

なお、対中国武器輸出を担った仲介業者などは、例えば、「支那ト兵器輸出ノ統一上各種ノ個人出店ニ対シテハ之ヲ避ケ政府並督軍ニ対シテハ泰平組合ヲ仲介トシ直接契約セシムル方針ナリ」[50]とされ、当該期には数多の「個人出店」とされた仲介業者が乱立していた。これも武器を筆頭に、中国側から数多の輸入品の要請があったからである。[*51]

3　対中国武器輸出禁止問題の浮上と日本の対応

各地域督軍への武器輸出の実態

以上のように日本の対中国武器輸出は中央政府から各地の督軍をはじめとする諸勢力に強力に継続されていた。一連の日本による果敢な武器輸出政策にアメリカは活発化する日本の対中国武器輸出の実態が明らかになるにつけ、日本への牽制策を展開することになる。

これに対して、日本政府は対応に苦慮するが、一九一八年一二月段階での対応事例として、芳澤謙吉代理公使（一九二三年から在中華民国特命全権公使、後の外相）から外務次官宛の通牒案「支那ニ対スル兵器供給方ニ関スル件」（陸密第三七八号　十二月二十五日）[*52]には、「支那南北統一成立スル迄ハ兵器ノ供給ヲモ実行セサルヘキ米国ノ提議ハ成ルヘク之ヲ拒否スルヲ希望スルモ、若シ主義ニ於テ認容スヘキ場合ニ於テハ左記ノ分ハ除外スルコトト致度キ段申進候也」と記され、「一、妥協問題発生前ニ於テ既ニ契約成立シ目下供給中若クハ其ノ準備中ニ属スル兵器　二、参戦軍編成所要ノ兵器　三、辺彊防備用兵器」については、アメリカとの妥協をも辞さないとする柔軟な対応方針を考えていた。

日本政府としても正面からアメリカの提議を拒否することは不可能とし、自ら輸出の枠組みを提示してみせることで、アメリカの批判を回避しようとしたのである。しかし、日本の輸出対象が中国の中央政府だけでなく、各地の諸勢力をも含め、広範な輸出態勢を敷いていたことから、アメリカは日本の姿勢に終始懐疑的であった。実際にアメリカの提議が出される前後において、日本の対中国武器輸出は、以下の表の如く広範囲にわたっていたのである。

そのことを示す史料として、一九一九年二月七日付、山田陸軍次官から「第一次参戦借款兵器供給ノ件」として、北京駐在武官坂西利八郎（以後、坂西武官）や同武官東乙彦（以後、東武官）、斎藤武官等に宛てた電報にある「支那行兵器既契約品中今後引渡ヲ実施スベキモノ」[53]と題した一覧表には、「配当先、陸軍省ニテ泰平組合ト供給ヲ承諾セル日、支那陸軍部トノ契約ノ日、品目、員数、引渡完了予定」の項目の順に以下（**表4**）の様に記されている。全て一九一八年、引渡完了年は一九一九年の記録である。

中央政府には特に手厚く武器輸出が実施され、量的差異は明らかだが地方組織にも一定量が供与されていたのである。対米関係の悪化を危惧する外務大臣内田康哉は、同年一月一日付で陸軍大臣田中義一宛に「支那ニ対スル兵器供給ニ関スル件」と題し、「兵器弾薬等供給ノ義ハ目下ノ支那時局並ニ列国トノ関係ニ顧ミ外交上影響スル所少カラサル義ナルニ付追テ篤ト御協議ヲ了スル迄ハ、不取敢本件兵器弾薬等ノ交付ハ凡（すべ）テ御差控ヘ相成様致度」[54]との申し入れを行った程であった。これは、兵器供与が外交上のトラブルを喚起する可能性を指摘したものであった。現実に武器輸出商社と陸軍の独走に歯止めをかけたい外務省の立場を鮮明にしている。

同時に**表4**で明らかなように、中国側からの兵器供給の要請を受け、陸軍省が泰平組合に供給の

表4

配当先	陸軍省ニテ配給ヲ承諾セル月日（1918年）	泰平組合ト支那陸軍部トノ契約月日	契約品中末渡品		引渡完了月（1919年）
			品　目	員　数	
中央政府	7月19日	7月31日	三八式歩兵銃 三八式機関銃 三八式銃実包 三八式機関銃実包 六式山砲 同榴弾 三八式野砲 同弾薬車 同榴弾 三八式野砲・六式山砲榴霰弾	55,000 挺 118 挺 39,714,400 発 8,100,000 発 216 門 16,200 発 28 門 108 台 7,200 発 76,000 発	4 月
甘　粛	9月20日	11月26日	三八式歩兵銃 三八式騎銃 同実包	200 挺 200 挺 200.000 発	2 月
湖　北	第一回 7月19日	第一回 8月20日	六式山砲	20 門	2 月
	第二回 9月20日	第二回 10月15日	三八式銃実包	2,000,000 発	
山　東	9月4日	11月18日	三八式歩兵銃 同実包	6,000 挺 1,000,000 発	2 月
黒竜江	7月3日	8月20日	三八式野砲弾薬車	24 台	1 月
浙　江	5月18日	10月8日	三八式銃実包	3,000,000 発	1 月
厦門警察	6月20日	8月10日	三八式銃実包	3,000,000 発	1 月
山　西	7月24日	7月29日	六式山砲	4 門	1 月

JACRA：Ref.C10073203000、画像頁 0658-0660 より作成

承諾を与えた月日と中国陸軍部との契約成立日、引渡完了日、中国陸軍部との契約日、品目、員数、引渡完了予定の一連の流れが終了するまで、凡そ半年程のタイムラグが目立っていることである。これは供給する兵器の整備や梱包、搬送期間など多くの日数が必要であることを考慮しても、必要以上の日数を要しているのは、アメリカの輸出抑制の動きを配慮したものと思われる。それだけ日本の対中国武器輸出をめぐっては、慎重な対応を迫られていたことを示しており、アメリカとの軋轢が深まりつつあった、と言うことである。

供給の方法をめぐる乖離

対中国武器輸出がアメリカやイギリスなど欧米諸国との外交関係に不穏な影を落とし始めた折、武器輸出をめぐっては、既述の如く、日本国内では特に外務省、日本陸軍、泰平組合の間で兵器供給の方法をめぐる乖離や齟齬が顕在化していた。その点をもう少し詳しく追ってみる。

一九一八年一二月二六日付の内田外相から小幡公使宛電文（第一一八二号）では、「第二次参戦借款ニ至リテハ未ダ具体的商議ノ進行セルモノナク、又帝国政府ハ一切ノ誤解ヲ避ケムカ為メ既ニ右新借款ノ締結ヲ阻止スルノ手段ヲ執レリ、（中略）寺内内閣時代ニ於テ泰平組合ト支那政府トノ間ニ明年四月迄毎月一定数量ノ兵器弾薬ヲ供給スルノ契約成立シ、之カ履行ハ泰平組合ノ既定義務ニ属スルモノニシテ、此際帝国トシテハ前記参戦借款ノ場合ト同様苟モ右兵器弾薬カ戦争ノ目的ニ供セラレサル様特ニ厳重ナル監視ヲ行フ」[*55]と記され、泰平組合の行動に疑義を挟んでいた。

日本政府及び外務省は、対中国武器輸出により戦力を強化した中国政府が革命派との戦争に使用されることに警戒心を強めていた。そこには、「既定義務ニ属スルモノヲ除キテハ支那統一ノ完成セサル限リ兵器弾薬ノ供給ヲ阻止スヘキコト勿論トス」[56]と重ねて強調している。

さらには、小幡酉吉公使宛に「陸軍ヨリ坂西少将ニ達シタル電報ニハ兵器供給ハ泰平組合関係既定事項ニ属スルノ外ハ、第一次参戦借款ニ依リ新軍組織ノ為メ購入スル兵器ハ之ヲ供給スヘキ旨記載シアル趣ノ處、右ハ前記貴電トハ聊カ相違シ居ル様存シラル、付、其点ニ関スル御意向及希望電報ヲ請フ」[57]なる電文を寄せている。

日本政府及び外務省は、武器供給の円滑化を阻害する泰平組合に不満を抱いており、内田外相は在南京日本領事館の精野七太郎事務代理に向けても、一九一八年一二月二八日付電文で、「此際支那側ニ武器ヲ供給スルコトハ帝国政府現下ノ対支方針ニ鑑ミ、将来又南北妥協ノ気運漸ク熟シ来レルニ顧ミ面白カラサルノミナラス、南方派ハ貴地ニ於テ会議ヲ開催スルヲ忌避シ居ル次第ニシテ、斯カル『デリケート』ナル地位ニ在ル李督軍ヲシテ武器弾薬等ヲ入手セシムルハ、折角解決ニ向ヘル政局ニ非常ナル悪影響ヲ及ホス虞アリ」[58]とする文面で李督軍への武器輸出は、中国政府と日本政府との関係上からも相応しくなく、かつ中国政府と各地督軍との力関係を不安的化させる要因となる、とする判断を示していた。

一九一九年一月一五日付の「支那行兵器契約未完了調」[59]に依れば、各地勢力への武器供給に関する契約状況は以下の表の通りである（**表5**）。

表には七陸軍省が供与承諾の認可済ながら、一九一九年一月現在で契約未完了の配当先が数多く記録されている。山西、湖南、陝西に至っては、供給承諾日から四カ月をも経過している状態で

表5

配当予定配当先	陸軍省供給承諾日	支那陸軍部ヨリ申出主兵器品目員数				
		歩兵銃（挺）	同弾薬（発）	機関銃（挺）	弾薬（発）	山砲（門）
山　西	1918年9月21日	3,000	1,000,000			
湖　南	9月21日	2,060	5,000,000			38
湖　南	9月21日	10,000	5,000,000	6	120,000	
陝　西	9月21日	1,500	200,000			
山　西	10月18日	300				
安　徽	10月18日	2,000	660,000	8	240,000	
甘　粛	11月16日	300	420,000			
吉　林	12月16日	10,000	5,000,000			
陝　西	1919年1月10日	10,000	4,000,000			
合　計		39,160	21,180,000	14	360,000	38

JACRA：Ref.C10073202900、画像頁 0617-0618 より作成

あった。

武器輸出遅延と輸出停止問題の浮上

遅延問題は日中両国政府間の懸案事項となって浮上しつつあった。それゆえ、中国現地にて武器供給の仲介を果たしていた日本陸軍の現地スタッフからは、危惧の念が表明されていた。例えば、一九一九年一月八日付で東乙彦武官は、陸軍次官山梨半造宛てに以下の電文を寄せている。

まず、東は日本政府の兵器供給の一時見合わせの措置に対して異議を唱える。一時見合わせと言いながら、現実には第一中央口に山砲二四門、第二中央口に歩兵銃一万挺、同実包三〇〇万発、機関銃二六挺、同実包一三五万発、野砲弾薬車六両、榴散弾一万余発、湖北口に歩兵銃五〇〇〇挺、同実包一〇〇〇万発、機関銃二四挺、同実包一〇〇〇万発、榴弾二二〇〇発が

表6

兵器の種類	員　数
三〇式歩兵銃	24,1000 挺
三八式歩兵銃	196,201 挺
三八式騎銃	2,033 挺
三八式実包	12,410,000 発
三八式機関銃	512 挺
機関銃実包	22,400,000 発
三八式野砲	246 門
同上榴霰弾	122,800 発
同上榴弾	8,200 発
六式山砲	376 門
同上榴霰弾	185,100 発
同上榴弾	2,200
榴霰砲	–
同上榴霰弾	2,400 発
留弾砲	8 門
同上榴霰弾	960 発
三一式速射山砲	14 門

「支那行兵器員数ニ関スル件」（JACRA：Ref.C10073202900）より作成

中国の港（泰皇島）に到着予定だとしたうえで、これへの対応を急ぐべきとしつつ、以下のように記していた。

「軍事協定有効期限ニ関スル交渉モ極メテ好境ニ進捗シツツアリ」としつつ、その一方で「依然交付ヲ決行スルニ非ラサレハ、其理由ノ如何ニ係ハラス之カ交付ノ停止ハ、必然支那官憲側ノ感情ヲ害シ、引テハ軍事協定ノ交渉上頗不利ナル影響ヲ来ス恐アリト思考スル」[60]と記していた。武器供給の遅延が軍事協定の有効性を阻害するとの認識を示しているのである。

因みに、「支那供給兵器員数ノ件通牒[61]」に依れば、一九一八年一一月から一二月まで、泰平組合を媒介に中国側への兵器供与の実態は、以下の表の通りである。

先ず配当先を以下に列挙する。第一山西、陝西、第一中央、第一福建、徐州、第一綏遠、第一浙江、第一山東、直隷、蒙古、第二福建、第一甘粛、第二甘粛、山東塩運使、吉林、河南、第二浙江、第二中央、浙江省、厦門、黒竜江、湖北、第二山東、第三浙江、第三甘粛、第三山東、江蘇等が挙

げられている。以下において一九一八年一二月二五日現在における「供給兵器員数表」を示す。分かり易く現史料を基に整理して示しておく（表6）。

武器供給の媒介者として日本陸軍は従来から泰平組合に一本化する方針で臨んでいたが、泰平洋行、泰平公司などの媒介者が乱立する状態に対して、「支那ト兵器輸出ノ統一上各種ノ個人出店ニ対シテハ之ヲ避ケ」る方針の徹底を図ろうとした。[*62] このように数多の武器輸出業者が介在するなか、武器輸出の展開を阻害する事態が順次示されるようになる。

例えば、江蘇督軍の地位にあった李純への兵器供給について、時局関係上交付を中止する措置に対して李純が不平を漏らす。事の経緯は以下の陸軍大臣宛ての東武官の電文が示している。一九一九年二月二四日付電文において、江蘇省督軍が「既ニ手付金トシテ金弐拾余万円ヲ泰平組合ニ納入シ、其ノ供給期限ハ二ヶ月ナルヲ以テ一月末迄ニハ当然交付ヲ終ルヘキ筈ノモノナリ、然ルニ我供給遅延セシ為、遂ニ二五日ノコトニテ時局関係上之カ交付ヲ中止セラルルコトニ至ルヲ李純ハ大ニ其ノ不平ヲ漏ラシシツツアリ[*63]」とする内容である。

日本の武器供給をめぐる問題は、直隷派の李純だけに留まるものではなかった。すなわち、東武官は、段祺瑞に重用されていた安徽派の重鎮であった徐樹錚の名を挙げ乍(なが)ら、以下の見解を披歴していた。すなわち、「兵器供給ノ延期ハ我政府カ一億支那南北ノ和平成立ヲ熟考スル結果、一時ノ便法トシテ延期シタル」ものの、中国の「軍事ノ進歩ヲ図リ善隣ノ誼ヲ全クスルコトハ本大臣ノ一貫セル誠意ナリトス[*64]」とする。武器供給の条件としての南北の勢力の「和平成立」が求められる、という姿勢を明らかにしていたのである。

それで東武官は、徐樹錚と面談を行った。その場で徐は、「日本政府カ曩ニ参戦借款及兵器供給ハ銀行及泰平公司ノ既定義務ニ属スルモノナルニ依リ、之カ中止ハ不可能ナリト外国公使団ニ声明セタレタルヲ聞キ、予ハ中心感謝ノ意ヲ表シアリタリ、然ルニ今突然兵器ノ借款ヲ中止セントスルハ甚タ遺憾ナリ」[65]と、あらためて不満を述べることとなった。

東武官の所見として参戦軍[66]への兵器供給は極めて重要な政策であり、英米との外交関係への配慮から借款中止の措置を採ったのは誤った判断と主張する。因みに、ここで言う参戦軍とは、安徽派が第一次世界大戦派遣を目的に西原借款を資金源にして編成した三個師団から編成された軍隊で、段祺瑞の私兵的性格の強い部隊であった。段祺瑞の命を受けた徐樹錚は、参戦軍の建設のため日本からの武器供与に注力していた。

それで東少将としては、兵器供与推進の理由を以下の通り列挙している。

参戦軍ハ軍事協定上成立セシモノニシテ、該協定持続ノ必要アル以上参戦軍編成ハ一日モ速ニ完成セシムルノ必要ヲ認ムルモノナリ
参戦軍ハ支那政府ノ陸軍ヲシテ段祺瑞ノ私兵ニ非ス、若シ此編成完了セサルトキハ大総統ハ孤立シ、支那政府ハ再ヒ動揺スルニ至ルヘシ
参戦軍ハ目下募集中ニシテ不日完成スル筈ナリ、然ルニ今兵器供給ヲ廃止セラルルトキハ、之カ教育不可能ニシテ妥協成立見込立タサルニ於テハ全ク編成ヲ中止セラルルニ同シ
四、五（略）[67]

日本陸軍には様々の思惑が背景にあって武器輸出に奔走していたが、その理由付けとして軍事協定を挙げていたことに注目しておきたい。また、参戦軍は段祺瑞政権の物理的基盤であった。日本政府の周辺では、参戦軍が段祺瑞の私兵的存在との評価が存在したため、これへの梃入れが特定勢力への偏在とする批判が繰り返されてはいた。そうした評価を受けながらも、日本政府及び日本陸軍は、あくまで段祺瑞政権を支援していく強い意向を示していた。*68

日本の対中国武器輸出は、この事実をとっても、極めて政治的判断を最優先させるものであったことが理解される。

おわりに

以上の諸点を論じたうえで、結論として以下の点を指摘しておきたい。

第一に、これまで部分的にしか対中国武器輸出の実態が明らかにされてこなかったが、本章では中国政府を中心としつつも、それ以外に各地の督軍や諸勢力への武器輸出が相当程度の拡がりを持って展開されたことを明らかにした。その分量の全てを明らかにした訳ではないが、日本政府及び陸軍は、対中国政策の重層性のなかで、それを具体的に示すが如く、武器輸出が広範に展開されていた事実を指摘した。

そこから日本政府の対中国政策が一定せず、極めて流動的なものであったことをも裏付けている。武器は政治力の物理的な基盤である。そのことを踏まえて武器輸出の実態を追うと、武器輸出がひとつの政治作用として、一国の政治動向に影響を与えるものであることを確認できる。そのことを本章では史料分析を通して、時として中国中央政府を凌駕する分量の兵器供与を大胆に実施することで、中央政府の統治能力の低減化が図られたと指摘可能である。それは、換言すれば、当該期における日本の対中国政策の根幹に一貫して混乱に乗じる形での中国への影響力増大を追求してきた反映でもあったのである。そのことは本章で紹介した中央政府及び各地の督軍への兵器供与の実態が示している。

第二に、第一の課題と深く関連するが、対中国武器輸出が対ロシア武器輸出と比較しても、武器輸出の広範性や大量性という点で、特異な歴史過程が展開されたと指摘できる。とりわけ、中国武器市場において日本が一貫して輸出量において欧米列国と比べ優位を保ったのは、繰り返し引用したように、中央政府だけでなく、中国各地の督軍との密接な関係性を保持した陸軍駐在武官や外交官等が本国との緻密な連携のなかで中国側から積極的に受注を引き出したことにある。これに対して欧米諸列強は中国が遠隔地であり、第一次世界大戦から大戦以後も相対的に中国市場に参入する余力を失っていたことなどの理由があった。

日本の武器が中国国内の軍事上の均衡を崩し、各地に勢力を張る督軍など有力集団が日本からの武器供給によって一段と力を蓄え、その結果として中国政府の政治力が削がれる実態も露見された。つまり、中国政府との権力争奪を展開する、各地の諸勢力は支払準備の是非を後回しにしつつ、競って日本から兵器供給に奔走したのである。

また、こうした動きに対応するため、北京・南京・哈爾濱在住の駐在武官が積極的に日本政府に意見具申した事例を紹介した。それは武器輸出が、現地の判断を優先させて実施されていたことをも示すものであった。そこでは日本政府及び外務省と、駐在武官との間には見解の相違も多々見られたが、最終的には武器輸出の促進という最大公約数的な課題という点では概ね意志一致していたと見て良いであろう。

第三には、一連の対中国武器輸出が、中国政府の第一次世界大戦への参戦が重大な理由となっていることに触れた。当該期の中国は、言うなれば大戦参加（参戦）という外的な戦争と、国内対立（内戦）という内的な戦争の、言わば二重の戦争状態の中にあった。それがまた日本からの武器輸出の機会を多くする原因ともなった。

これを日本側から言えば、中国の参戦を後押ししつつ、同時に中国国内での中央政府と各地域勢力との事実上の内戦を事実上慫慂するかの政策を採用していた。中国が日本にとって好ましい武器市場として存続するような対中国政策を、武器輸出の実態を追う中で明らかにした。武器輸出に絡む中国側からの不満や反発を巧妙に受け止めつつ、輸出拡大への工夫が練られ、その実態をも数量で追ってみた。

そして、対中国武器輸出の手段として使われたのが、日中軍事協定であったことである。これについては、中国国内の世論をも含め、常に反発が潜在していた。それは同協定が武器輸出を媒介とする中国における日本の覇権確立の手段としてあったことを中国政府や中国世論が認知していたからである。同時に本章では紙幅の関係で触れられなかったが、アメリカを筆頭に日本の対中国武器輸出攻勢への批判が生起することになった。

中国内外からの批判を受ける格好で日中軍事協定は廃棄されることになったが、それは日本の武器輸出が中国の安全保障を強化するものではなく、逆に弱体化させるものである、との認識が定着しつつあったことによる。

日中軍事協定は武器輸出の側面だけでなく、同時に日本の武器輸出の政治性が際立った協定であったことである。こうした結論をさらに発展させるべく、一九二一年一月の日中軍事協定廃棄から満州事変期、すなわち一九二〇年代から三〇年代にかけての日本の対中国武器輸出の変容過程についての研究を進めていきたい。

第五章

冷戦期日本の防衛産業と武器移転

——自立と同盟の狭間で——

課題の設定と先行研究

課題の設定

一九五〇年六月二五日、朝鮮民主主義人民共和国から大韓民国への武力侵攻で開始された朝鮮戦争を契機にアメリカの日本を含めた軍事戦略の見直しが進められていた。要するに、対ソ連に最も接近した地域への戦力展開を根幹とする「前進基地戦略」から、戦力投射地点から一定の距離を置いた周辺地域に兵力を分散配置する新戦略の構想である。

第二次世界大戦期後半の萌芽期を経て、大戦終了後から本格化する米ソ冷戦の時代に勃発した朝鮮戦争を転機に、アメリカの軍事戦略は戦争に深くコミットする一方で、紛争勃発想定地域には戦力配備を軽減し、その補填として日本に限らず、ヨーロッパ地域防衛をも含め、防衛共同体の設置を促す政策が採られることになった。アメリカは、ソ連及び中華人民共和国（以下、中国と略す）の両共産主義国家の脅威に対抗するため、自らの戦力の限定的配置の一方で将来の戦力構築を見据えて日本及び韓国、そしてヨーロッパ諸国における防衛共同体及び二国間防衛条約、それに付随して特に日本には再軍備を強要することになった。

相互安全保障法（Mutual Security Act　ＭＳＡ）に従い、以後アメリカは日本の再軍備を強く要請することになった。アメリカは朝鮮戦争後、過剰となった兵器を日本に貸与し、日本に自立的防衛を期待する。日本側でも朝鮮特需により膨らんだ防衛生産にかわる経済特需を期待し、ＭＳＡによる防衛生産の継続と発展を期待していくことになった。それは同時に日本の再軍備をも不可避していく。日本再軍備には当初、ＧＨＱ最高司令官ダグラス・マッカーサーも、また吉田茂内閣も消極的であったが、防衛産業に期待する財界人を中心として早々に民間人による再軍備構想が相次ぎ提案され、やがてこれを受けて日本国内では保安庁案、経済審議会案、大蔵省案など公的機関も再軍備案を提出していく。こうした動きのなかで、再軍備の規模や防衛生産の在り方をめぐり、国内では諸政党間で激しい論戦が展開されていく。

そこではＭＳＡ協定による経済特需引き出しを意図する吉田茂政権の意図と、同時に日本の自衛力増強を求めるアメリカの意向、換言すれば自立と同盟という相互矛盾する要請への対応に苦慮していく吉田内閣の姿勢が浮き彫りにされていく。

それで本章では、以上の状況を踏まえて、**第一**に冷戦期日本の防衛生産が、自立と同盟の相克と矛盾のなかで、如何なる対応を行っていったかをあらためて検証すること、**第二**に、そこで育まれた自立と同盟という相関関係が、実は冷戦終結から現在に至るまで、日本の防衛産業や防衛政策の根底に深く内在している特徴として指摘すること、**第三**に、そうした相克や矛盾を現在においても充分に精査・克服できないまま、防衛産業や防衛政策が自立に程遠い半自立状態に陥っていること、など指摘することにある。以上、三点を主要な課題として設定し、最後に結論を導き出したい。

先行研究

冷戦期日本の防衛産業と武器輸出に関連する論考は、多様なアプローチが存在し得ることもあり、数多の先行研究が蓄積されてきた。課題の設定と視角によって、相当の絞り込みをしないと論文の位置が不鮮明となる恐れのある問題領域である。

本章では戦後日本の軍需産業の再生過程を追うなかで、その再生に拍車をかけたものが一体何であったのか、日本の軍需産業は日米関係に左右されながら、如何なる程度アメリカからの自立を獲得しえたのか。また、アメリカが日本の自立を一定程度に支援したことは間違いないが、それが実際に日本の経済的かつ軍事的レベルにおける自立に結果したのか。支援と自立が果たして同時目標的な課題と受け止めることは可能なのか。確かに本論でも詳しく追うように日本の防衛生産委員会の軍需産業拡充への熱意は頗る熱いものであったが、それが経済的自立を目指しものか、あるいは軍事的自立をめざしたものなのか、同時的に両者自立を意図したものなのか。そうした課題設定は、実に多様に構想される。

従って、一つのアプローチからすれば、自立と依存のどちらかに傾斜することは可能であるが、冷戦期日本の場合には、自立と依存の同時進行が継続し、構造化したことが特徴である。アメリカの経済軍事戦略も、一方的な自立は政治・経済・軍事のいずれの領域においても好ましいとは考えておらず、繰り返しになるが、依存と自立の同時的進行を可能とする戦略が展開され、それを実体化する日米関係が定着していく。それを担保するものが日米安保条約であり、可視的存在としての在日米軍基地群の存在であったと言えよう。

日本の自立と依存の同時的進行は、朝鮮民主主義人民共和国（以下、朝鮮）と対峙していた大韓民国（以下、韓国）や、中華人民共和国（以下、中国）と両岸問題で対立していた中華民国（以下、台湾）とが、アメリカの軍事戦略に翻弄されないためにも軍事的自立への志向が強かった。その点日本の場合は頗る曖昧であり、自立と依存とが、ある意味で違和感なく溶け合った状況にあったのではないか、と考えられる。

こうした筆者の問題関心に関連する先行研究として挙げておきたいのが、沢井実「特需生産から防衛生産へ―大阪府の場合―」[*1]である。沢井論文は、戦後日本は朝鮮戦争による特需生産（当初は、別途需要、別需と呼ばれた）、軍需生産への傾斜を強めたが、MSA協定によるアメリカからの援助、具体的にはアメリカ軍の域外調達により軍需生産拡充への期待ができないことが判明するにしたがい変化していった。日本経済は全体として軍需から民需生産へと再転換し、その結果高度経済成長の本格的始動の時代になったことを通説としながら、以下の論点を指摘する。

すなわち、それは第一に戦後タブー視された兵器生産（防衛生産）を継続推進することから生じる可能性のある社会的軋轢とは如何なるものであったのか、第二に、朝鮮戦争後の新特需には期待できず、防衛庁から受注する装備品が特需・新特需を凌駕するものでないことが判明するに従い、特需関連企業に如何なる選択肢が残されていたのか、第三に、民需品の拡大生産のなかで防衛生産の比重が低下するなかで、兵器生産継続の意義を何処に求めていたのか、という課題である。

同論文で、沢井は、「一九五〇年代の後半に兵器生産を担うことは大きな社会的軋轢を生んだ」[*2]として、戦後日本において兵器生産がタブー視された社会状況のなかで、それでも武器生産に注力するうえで企業家たちの国防への関心の深さや、ある種の国防イデオロギーなども存在したことを企業家たちの言動から推測する。そして、民需発展に反比例して軍需の低下が否めないなかでも、通産省、防衛庁、経団連防衛生産委員会からの強力な支援が存在した事実を指摘する。[*3]

沢井は従来の研究が「日本経済は全体として軍需から民需生産へ再転換し、高度経済成長の本格的始動の時代を迎えるというのが通説的理解であろう」[*4]に与せず、高度経済成長のなかで数的な問題は別としても、確実に軍需が日本経済に根を張っていく実態に注目すべきだとしている。量的なレベルでの経済の実態把握からは見えてこないものが多々あるからである。

また、朝鮮戦争勃発前後からアメリカからの特需が日本経済の自立の量と質に如何なる影響を与えたかについて、特にアメリカの「日米経済協力」構想に対する日本側の期待と実体との腑分けを明確にすることを通じ、詳細かつ実証的な分析を行った浅井良夫「一九五〇年代の特需について(1)(2)(3)」と題する大部の論文がある。[*5]

同論文の特に「一九五〇年代の特需について(2)」の〈Ⅳ「日米経済協力」構想〉の章が中核部分

である。ここでは「日米経済協力」の名で特にアメリカ側が朝鮮戦争勃発前後から日本の軍需生産能力をアメリカの対アジア戦略から、アメリカの利益のために引き出す戦略が巧みに練られ、実践されている事実を詳細に追いつつ、その一方で日本国内の諸勢力間に、それへの対応をめぐり明瞭な温度差が生じていたことを論証したものである。浅井は、「産業動員」の用語で日本の軍需産業の復興と活用により、日本の民需工業を含めた発展が展望され、日本はアメリカにとっての経済的かつ軍事的な両義において、アメリカの防波堤国家としての内実を獲得していく過程を追っている。

以上で取り上げた論文から本章は多くを学んでいるが、これらは何れも経済史論文の範疇にあり、浅井論文で示された「日米経済協力」や日本の「産業動員」の経済レベルでの位置づけからする分析と同時に、軍事レベルでの分析、換言すれば冷戦期日本をめぐる安全保障環境が如何なる程度に作用していたかの言及は必ずしも十分でない。その点からして、日本再軍備がアメリカの意向を受ける形で、より正確かつ直截的に言えばアメリカの指示に従って強行されたことは既に明白な歴史事実となっている。その上で、そうした歴史事実の展開のなかに政治的かつ軍事的な観点からする必然性に重きを置いた視角から論じることを本章の目的としたい。

用語の定義について――「自主防衛」と「独自防衛」――

本章を進めるにあたり、用語の定義に拘っておきたい。先ず、「自主防衛」の定義である。例えば、自衛隊装備など自衛隊運用に不可欠な装備品を中心とする物資の自給自足率が八割以上であれば自主、それ以下であれば依存の用語が妥当なのかの指標は不在である。また、自主防衛を政策目標と掲げてはいても、実際にはそれを数的に担保できない場合は自主防衛と呼べない、との判断もあろう。

つまり意図と能力を峻別した場合、自主防衛の意図があっても能力が未到達という場合がある。意図と能力が完全一致した場合のみ初めて「自主防衛」と呼ぶべきなのか。これはかなり現実的妥当性を欠いていると思われる。そもそも自衛隊であれ、アメリカ軍であれ、自給自足率の違いはあるものの、経済的合理性からしても自国産の装備で固めることが、それほど意味のあることだとは思えないからである。

軍装備の領域においてもグローバル化が著しく進行している現在にあってはなおさらである。ただ冷戦期の一九五〇年代において軍需生産能力や軍事技術レベルはアメリカにこれまた著しく偏在していたがゆえに、勢いアメリカへの依存がある意味で不可抗力であったことから、自主防衛への意図があったとしても自主防衛は能力的に不可能であった。

この用語の問題に関連して、大分大学の鄭敬娥（チョンキョンハ）は、クォン・テヨンの「わが国の自主国防努力と二一世紀先進国防の方向」[*6]の論文を引用しつつ、自主国防を外部の干渉を排除する「自主（self-reliance）防衛」と、外部に依存することなく自力による「独自（independence）防衛」に区別している[*7]。だが、軍事技術が進化すればするほど、一国かつ単独では正面装備（ハード）であれ、作戦行動（ソフト）であれ、単体として一国が軍事行動することはおよそ不可能な時代状況を勘案すれば、この区分にどれほどの意味が存在するか甚だ疑問である。安全保障政策の次元に限定して、一国の意図や能力を自己評価しつつ、自主防衛あるいは独自防衛を政策や方針として掲げることは対世論

上に繰り返し俎上には挙げられてきた。しかし、それを担保することは不可能であろう
朴正熙政権下の韓国、蔣介石・経国政権下の台湾にしても、その政策と方針で「自主防衛」が繰り返し主唱されはしたが、それは精々正面装備における国産化率を挙げる程度のものに過ぎないと言って過言でないであろう。アメリカへの従属性や依存度を低位に見積もることによって、国家や政権の自立性・主体性を鼓舞することは、往々にしてあり得ることである。それで、自主や独自の用語はスローガン以上のものでないとの指摘が合理的であろう。

政治や経済のレベル以上に軍事のレベルは一国主義を貫徹することが不可能な領域である。実は冷戦期の防衛生産という課題を設定する場合、この用語の問題は回避できないとしても、そこには自ずと限界があることを前提としたうえで論じる必要があろう。これに代わる用語があるとすれば、「半自主」「半独自」「半依存」のような折衷的な造語を用意するしかない。勿論、この用語も曖昧模糊としているが、明白なことは日本の安全保障政策が戦後一貫して自主とか独自とかの用語ですら説明しえないような徹底したアメリカへの依存を貫いてきたことである。その過剰なまでの依存性を現在では「共同」とか「同盟強化」の用語でその実態をカモフラージュしているのではないか、と思われる。

もう一つ。軍需産業と防衛産業、或いは兵器産業の使い分けである。戦前は軍需産業や軍需動員の用語が使用されてきたが、戦後は政治環境や日本国憲法による制約もあり、防衛産業の用語が定式化している。ある意味で軍需や軍事の用語がタブー視されてきた。しかしながら、本章ではその本質的な意味からして軍需産業と称するのが相応しい。ただ、政府側は一貫して防衛産業の用語を

しようとしていることから、資料引用などでは防衛産業の用語を頻繁に登場させなければならず、煩雑さを否めない。しかし、一般的には防衛産業より軍需産業の用語が学界だけでなく一般社会でも頻繁に使用され、公式化されていることもあり、本章では引用以外は軍需産業の用語を民需産業との区別の意味をも含めて使用する。

1　戦前期日本軍需工業の解体と復活

軍需工業の解体過程

最初に戦後日本軍需工業の解体から再生に至る経緯を要約しておきたい。日本の軍需工業の解体は、一九四五年八月一五日前後から開始された。すなわち、国営・民間軍事工場に対してＧＨＱから矢継ぎ早に解体・転換指令が出され、同年九月二二日、兵器、航空機の生産禁止令（ＧＨＱ指令第一号）、旧軍需企業に対する民需展開計画書の提出命令（ＧＨＱ指令第二号）が相次いで出された。

さらに、同年一〇月一五日、軍機関の廃止（参謀本部、陸海軍学校等）が続いた。軍工廠（国営軍事工場）の凡そ一〇〇工場（陸軍五〇、海軍四六及び陸海軍研究所）、陸軍の八造兵廠（東京第一、東京第二、相模、名古屋、大阪、小倉、仁川、南満州）の中で合計四六カ所の製造所を主体とし、燃料本部、運輸部、被服廠、衛生材料廠、獣医資材廠、軍品廠、各種研究所を加え解体の対象とされた。一方の海軍も四工廠（横須賀、呉、佐世保、舞鶴他）、工作部や火薬廠、一〇航空廠、六燃料廠（四日市、徳山、岩国、横浜他）、三技術省、二療品廠、技術研究所などが解体の対象とされた。

日本旧海軍の造艦工廠は賠償に指定された施設は連合国に引き渡され、横須賀工廠はアメリカ海軍の基地施設に転用され、それ以外の施設は民間の造船所として整備されていった。例えば、呉工廠は播磨造船呉船渠、佐世保工廠は佐世保船舶工業、舞鶴工廠は飯野産業舞鶴工場になった。また、航空機製造会社には生産と研究が全面禁止となり、機体工場は乗合自動車、貨物自動車、電車のボディ生産工場へと軍需から民需への転換が図られた。また、工作機械は六〇万台以上が賠償に充てられ、保有総数は一七万五〇〇〇台に減らされ、約五〇〇〇万トンの高炉、約三〇〇〇万トンの電気炉、約六〇〇〇万トンの平炉、六〇〇〇万トンの圧延機が撤去されることになった。[*8] 事実、日本の軍事工業能力の解体が一端は進められ、軍需工業生産設備は賠償の形で中国、フィリピン、オランダ、イギリスなどの求償国に譲渡された。具体的には一九四八（昭和二三）年八月までに日本全国一七カ所におよぶ陸・海軍工廠から一万六七三六台の工作機械が現物賠償として譲渡されたのである。

それと並行する形で、陸軍所管の兵器及び生産資材は、全て連合軍に譲渡され、陸軍造兵廠の建物及び種々の生産設備は固定資産として一三億円と評価されていたが、一切連合軍に引き渡された。海軍の艦艇及び兵器及び生産設備も同様に破壊された。これらのうち一部は賠償に充てられ、また一部は平和産業に転換することになった。

以上は国家直営の軍工廠の解体・破壊の実例だが、軍需工業を大きく支えてきた民間の軍事工業施設は、一九四六（昭和二一）年一一月の賠償最終報告（通称、ポーレー案）は、日本における当該期の潜在的軍需工業能力を文字通り根こそぎ削ぐ計画案であった。ところが、ポーレー案が示された翌年の一九四七（昭和二二）年三月、顕在化してきた米ソ冷戦の動きのなかでトルーマンドクトリンが発表される。すなわち、そこでは日本の軍事工業解体方針が根底から修正され、戦争潜在能力の破壊が平和構築の潜在力にも打撃を与える可能性を指摘していたのである。

こうした一連の措置を受ける形で、片山哲内閣は、同年一二月一八日、「過度経済力集中排除法」（法律第二〇七号）を制定し、その結果、一九四九年六月には戦前期日本軍事工業のトップ会社であった三菱重工業は、東日本重工業（後に三菱日本重工業）、中日本重工業（後に新三菱重工業）、西日本重工業（後に三菱造船）に分割再編されることになった。これらの措置、前期軍需工業の解体は連合国軍最高司令部（GHQ）主導による日本の「民主化」政策の一環であった。しかし、その「民主化」政策に大転換を促す事態が発生する。それが、既に第二次世界大戦後期から開始されたといわれる米ソ冷戦であり、両国は戦後の国際秩序の主導権を巡り対立を先鋭化して行った。

それを象徴的に示したのが、一九四八年一月六日、アメリカ陸軍長官ロイヤルによる日本を「反共防波堤国家」とする有名な演説であった。要するに米ソ冷戦の本格化のなかで、それまでの日本の「非軍事化方針」の継続が不可能となった新たな状況が生まれてきたとし、その見直しを明らかにしたのである。そこから所謂「逆コース」へと舵が切られることになる。

このロイヤル長官の演説骨子は、一九五〇年六月二五日に勃発した朝鮮戦争によって、より具体的な政策となって表出する。朝鮮戦争が開始されるや殆ど間髪を入れずに、日本はアメリカ軍の補給基地として軍事生産に向けて本格起動する。そこでは土嚢用麻袋、軍服、セメント、有刺鉄線、燃料タンクのような比較的低廉な技術でも生産可能なものから、航空機修理、爆弾製造、戦車や装甲車の修理など多義にわたる軍需工業が一気に活気を帯びることになる。アメリカ政府による域外調達、いわゆる「特需」は、政府予算が一兆円前後の時代に三年間で一〇億ドル（三六〇〇億円）の額に上り、これに米兵による日本国内消費（いわゆる「間接特需」）を加算すると三〇億ドル（約一兆円）に達した。

そこでは工業能力全般の脆弱に結果するような破壊や賠償の強制ではなく、アメリカのアジアにおける最前線基地としての役割を期待可能な日本を安定国家にすることが合理的だとするアメリカ政府内部の方針が具体化されていく。アメリカとしては、日本の徹底した軍事生産能力の解体と政治体制の民主化を進め、逆に同盟国としての役割期待から経済安定国としての再定義を開始していたのである。

武器貸与の開始とMSA協定

朝鮮戦争の勃発と再軍備の開始により、武器の製造も輸出入も禁止されていた日本は、創設された警察予備隊に配備する武器をアメリカの軍事支援という形で武器輸入を開始した。それは輸入というより武器貸与と表現することが正確であった。

一九五〇年七月八日、連合国軍最高司令部（GHQ）は最高司令官ダグラス・マッカーサーが発した書簡により七万五〇〇〇名の警察予備隊と八〇〇〇名からの海上保安庁の増員が指令された。問題は警察予備隊の装備であった。

これらの装備は一九五二年に創設された海上警備隊にPF（Patrol Frigate）や上陸用支援艇（

Landing Ship Support, Large, LSSL）が無償提供されたのを皮切りに、同年一一月には「日米船舶貸与協定」、一九五四年五月には「日米艦艇貸与協定」がそれぞれ署名され、前者においてはPF一八隻、LSSL五〇隻、後者によって駆逐艦などや大型艦艇一四隻が無償で貸与されることになった。そして、朝鮮戦争を契機に日本の再軍備が開始されて以降、一九五二年四月二八日に旧日米安保条約が発効し、これを機会に日米間では、所謂「武器の道」が新設されることになった。

　具体的にはMSA法の成立と同法の日本（及びNATO諸国）への適用である。「バンデンバーグ決議」（一九四六年六月、米上院）では、「米国は自国の安全に影響を及ぼす地域的・集団的防衛協定に参加する、その協定は〈継続的・効果的な自助と相互援助〉の原則に基づくこと」と規定された。それは、いわばマーシャル・プランの拡大版であった。そのMSA法の目的は、「自由世界の相互安全保障と個別的かつ集団的自衛を強化し」、「友好の安全と独立のため、アメリカの国家的利益のため、友好国の資源を開発すること」に置かれた。

　同協定の日本への適用が実行され、「MDA協定」（Mutual Defense Assistance Agreement 一九五四年三月調印）、正式名称「日米相互防衛援助協定」（略称：MDAもしくはMSA協定）として発効した。それは日本が日米安保条約にもとづき軍事的義務を履行する決意を確認し、一方で米側は、日本が「防衛力漸増の義務を負うことを期待」と明記（第八条）された。[*9] こうして無償軍事援助が開始（Military Assistant Program）され、続いて「防衛秘密保護法」（一九五四年）が締結され、そこでは探知、収集、漏洩者に懲役一〇年以下の罰則が設けられた。

　こうして、「日本の防衛産業への経済的支援は、一九五四年に締結された日米相互防衛援助条約

（ＭＳＡ協定）のもと米国に委ねられた。一九五四〜六七年の間、日本は五七六〇億円にのぼる軍事援助を受け取った。この額は同期間の装備品購入総額の二七％を占め、この値は一九五七年までに限ると五八％に達した」[10]とする指摘があるように、ＭＳＡ協定により、少なくとも冷戦期日本の防衛産業はアメリカの意向と要請を基盤にして展開されたのである。

アメリカの対日経済・軍事支援

ここでアメリカの対日経済・軍事支援の構想と実際について整理しておきたい。既述の如く、朝鮮戦争の勃発に対応すべく五月雨（さみだれ）式に特需の形態を伴って、日本への軍需品発注を行ってきたが、アメリカには朝鮮戦争及びその後における東南アジア地域への共産主義の浸透を阻むために、経済・軍事援助の増大を構想していた。その一環として、アメリカは所謂「日米経済協力」構想を早い段階から検討し、実行するべく企画立案を進めていた。

浅井良夫によれば、「日米経済協力」の骨子は、第一にアメリカの軍需動員体制を補完するための、日本の工業生産能力の動員、第二に日本が東南アジア市場にアクセスできるように、アメリカが尽力すること、第三に韓国復興援助物資を日本から調達するという間接的な形でアメリカが日本の経済自立を支援することにあったと要約している。[11]つまり、アメリカは朝鮮特需を梃子として日本経済の復興と自立を促し、同時に所謂産業動員と軍需産業の再生を企画していたのである。

こうしたアメリカの企画は、軽軍備論を保持していたとされる吉田茂首相の意向と乖離を生じさせるものであった。しかし、その吉田も表向きの軽軍備論とは異なり、こうしたアメリカの意向を受容することで日米関係の強化による共産主義への対抗と、同時に東南アジア地域を経済市場化するために不可欠な判断としていた。

一方日本政府当局もアメリカからの経済支援への姿勢は、或る意味では明瞭であった。日本政府にあって経済政策の総元締めであった経済安定本部は、一九五一年四月三日付で「日米経済協力に関する資料」を作成している。そこには「国民経済の合理的且つ円滑な循環を維持するためには、内需と外需との調整を図る必要があり、次の措置が必要である。(1)対日期待物資の品目、数量、期間等の内容につき日本政府が充分な連絡を受けること。(2)対日期待物資の発注及び受注の機構及び方式を合理的に確立すること」[*12]と端的に記されている。

既に歴史事実として異論が不在なように、日本政府は朝鮮戦争により日本への特需が生まれたことを奇禍として、積極的にアメリカの要請に応えていくことが経済復興の有効手段であるとの認識を強く抱いていたのである。つまり、既述のダレスの要望を日本政府は正面から受け止める姿勢を迅速に示していたのである。そして問題はアメリカの期待する日本の産業のなかでも軍需品の生産能力であった。

ダレスは、一九五一年一月二五日から訪日するが、それに先立つ一月一八日に訪日の目的を以下のように語った。すなわち、「日本を自由世界に積極的に協力させるためには、アメリカは日本に軍事的、経済的にコミットしなければならない」[*13]と。当該期アメリカの軍事戦略は朝鮮戦争への対応に全力を挙げるが、アメリカの戦時動員体制のなかに日本を組み込むことで、日本の軍事生産能力に補完的な役割を期待していたのである。

この点に関しては既に多くの先行研究がある。例えば、GHQ／SCAP経済科学局は、一九五一年二月二〇日付で「日本の工業生産能力―緊急に利用可能な日本の生産設備に関する報告―」を作成しているが、これはアメリカが朝鮮戦争に必要な軍需物資を日本から調達するための参考資料である。つまり、アメリカの軍事戦略を完全とするために日本の軍需品製造能力は大きな比重を占めることになったのであり、これが経験値となって、日本の軍需生産能力はアメリカのアジア地域における軍事戦略にとり、不可欠と認識されることになる。朝鮮戦争後は、東南アジアへの軍事支援のために日本の軍需生産能力と軍需品とは益々大きな比重を与えられることになったのである。ただ、日米経済協力への対応について、日米関係強化に積極的であった吉田政権や日本財界と異なり、大蔵省としては経済復興の十分な見通しがつかない段階での無条件の日米経済協力に必ずしも積極的でなかったのである。[*14]

再軍備案の登場と帰結

朝鮮戦争が勃発する以前から、日本では先ず民間ベースで再軍備案が提示されることになった。例えば、その嚆矢と言えるものに、一九五〇年春の元陸軍大佐服部卓四郎を中心とする旧陸軍参謀グループが「日本再軍備に関する検討」を公表する。そこには「自主、自立、自衛」の提唱が謳われ、旧軍の復活が強く志向された内容であった。これに触発されるように同年一二月、芦田均はGHQに再軍備を要請する意見書を提出し、また吉田茂内閣も独自の再軍備論を検討していたとされる。

一九五三年三月には、より具体的な再軍備案として、経団連・経済協力懇談会防衛生産委員会による「防衛力整備に関する一試案」、さらには国民経済研究協会の「日本再軍備の経済的研究」が相次ぎ提案された。「防衛力整備に関する一試案」の再軍備案は陸上一五個師団（三〇万人）、海上二九・二万トン（七万人）、航空三七五〇機（一三万人）であり、「日本再軍備の経済的研究」の陸上七師団（一七・五万人）、海上二二万トン（三・五万人）、航空一二〇〇機（二・八万人）と比較すると大規模な再軍備案であった。[15]

こうした民間による再軍備論はその気運に拍車をかけただけでなく、次に保安庁案や、経済審議会案、大蔵省など政府も再軍備案を公表するところとなった。これにはアメリカからの事実上の要請もあったが、日本の経済力とアメリカからのMSAによる軍事援助とを勘案した、より合理的かつ現実的な数値の設定が必要となったからである。保安庁案、経済審議会案、大蔵省案は陸上一〇個師団と隊員数はほぼ同じ一八〜二〇万人、海上は一五万トンから二一万トン、航空機は三二〇機から一四一〇機と幅があった。

問題はその設定数値を担保する経済力であった。つまり、いずれの再軍備案が想定されたとしても、その財源と復興途上にあった日本経済への負担である。以上の三案は「毎年の防衛費を、毎年の国民所得の自然増収の枠内で賄い、その不足分は米国の援助に期待し、国民生活を切下げないことを目途として、作成されたと言われている」[16]との指摘があるように、以上の三案は何れも日本側軍事費とアメリカからのMSA軍事援助資金とがほぼ同額となっており、日本の再軍備構想が日米でほぼ折半する格好となっていた。同時に、軍事費の総額が対国民所得比率でも、一九五四（昭和二九）年から一九五八（昭和三三）年の五年間の幅で見ると二％台から最大値五・五％に抑えられていた。[*17]

つまり、この数値を見る限り、日本再軍備は国民経済に負担を強いることなく、しかも軍事予算の半分以上をＭＳＡ協定によるアメリカの援助をあてにしたものであった。そこには冷戦期日本の再軍備が日米のそれぞれの思惑を踏まえた折衷的な内容を示していた。換言すれば、そこに日本の防衛政策の基本的な原理が早くも見出される。経済と軍事との均衡が周到に用意されていたのである。

ＭＳＡ協定によって当面はアメリカの軍事援助が実施されるとしても、いったん再軍備に踏み切れば軍事技術の発展に対応する設備投資が不可欠となり、防衛費の伸びは不可避である。そうすると戦後間もなく復興過程にある日本経済には相当の負担となることは必至である。その結果として、再軍備以後創立された警察予備隊から保安隊、さらには自衛隊の装備を充当するためには勢いアメリカへの依存を構造化することが予測された。まさしく、「日本の防衛軍は米国兵器の『新陳代謝』の場となって、その意味では自主性の喪失となろう」（傍点は引用者）[*18]であったのである。

ＭＳＡ協定をめぐる対立

日本の防衛生産を担保するうえで、日本政府及び財界が期待したアメリカのＭＳＡ援助の実際に触れておきたい。既述の如く、日本の防衛生産においてＭＳＡへの位置は頗る大きく、日本の兵器生産上、自立と同盟の実際を算定する場合、不可欠な課題である。

朝鮮戦争が休戦協定によって表向き終息の方向性を辿るなかで、ＭＳＡは対ヨーロッパ支援からソ連及び中国の共産主義国への牽制と抑止の軍事戦略重視の観点からアジア諸国援助に方向転換されてくる。そうしたなかで日本国内では、このアメリカのアジア重視戦略に便乗し、防衛生産と防衛力増強の方途を見出そうとする勢力と、ソ連及び中国との関係改善のなかで、特に中国との貿易関係の充実による経済発展の道を選択すべきだとする激しい論争が展開されることになる。[*19]

論争のなかでMSAの解釈をめぐる吉田内閣と社会党などとの激しい論戦が展開されるが、そこには冷戦期の日本が置かれた安全保障問題の複雑さと、当該期における日本再軍備、防衛生産、MSA協定の位置づけなどを巡り、防衛生産の拡充に期待するアメリカ及び日本財界の意向を受けた吉田内閣と、日本再軍備を否定したい野党との認識の乖離が浮き彫りにされている。軽軍備構想を抱いていた吉田内閣と、これに対してMSA協定を梃子に日本の防衛産業を起動に乗せたいと意欲を示す防衛産業界などの期待感も入り混じって様々な議論が展開される。

先ず吉田内閣が示したMSA協定について、政府委員植木庚子郎（大蔵政務次官）は、以下のような評価を示した。すなわち、「MSA援助が日本の経済に対しましていい影響を与える点と考えられます事は、第一には、我が国の防衛計画の実施に必要な国費の負担がそれだけ少くて済むのではないかという点が第一点に考えられると思います。第二には、経済的措置に関する協力によりまして、我が国の工業その他の経済力の増強に資するために必要な一千万ドルの贈与が得られるという点が挙げられると思います。第三には、昨年の凶作によりまして輸入を必要とする小麦等を円貨で購入できるということが非常ないい点だと思います。第四には、投資保証の協定によりまして我が国への外資導入が期待し得るのではないか。かように考えられると思うのであります[*20]」と。

植木の発言は、吉田内閣のMSAがアメリカからの援助による日本の防衛費負担の軽減、日本経済への増強、小麦輸入の円貨購入、外資導入に利便性が発揮されることなど、日本にとってメリットの大きな協定であると主張する政府の見解を集約したものであった。

しかし、MSAによる援助は軍事援助と経済技術援助（相互防衛金融・防衛支持援助・経済技術援助、技術援助その他）からなり、「一九五四年度米会計年度予算では、おおよそ軍事援助七〇%、防衛支持援助（軍需産業に対する経済援助）、技術援助その他一〇%となっていた」[21]との指摘があるように、それは軍事援助そのものであったと言って良い。[22]

これに対して日本社会党を筆頭に野党は、MSA協定がアメリカとの従属的な関係を固定化し、再軍備を必然化させ、それに付随して防衛産業の拡充の可能性がある、と言った視点から吉田内閣への批判を強めていく。とりわけ、社会党を支援する労働組合の日本労働組合総評議会（総評、一九五〇年結成）は、MSA協定が日本の軍事化に拍車をかけるものとして協定締結反対運動を各地で展開した。こうした動きに対して、吉田茂首相は、「MSA問題についても、これは決してアメリカの圧迫によつてこのMSAを承諾したのではなくて、アメリカの要請もあり希望もあるが、同時に日本としても要請もあり希望もあり、話し合いの結果できたのであつて、米国政府の指揮命令によつてできたものでないことは、外務大臣においてもこれまで十分説明したろうと考えます」[23]と否定に躍起であった。

しかし、実際にMSA協定をめぐっては、アメリカと日本との認識の乖離は極めて大きかった。アメリカはこの協定によって日本が率先して防衛力の拡充に尽力し、東アジアにおけるアメリカの対中国・対ソ連に対抗する軍事戦略上の枢要な国家として再定義していたのである。従って、日本の吉田内閣が防衛力拡充に本腰を入れないとみるや、一九五三（昭和二八）年八月にはアメリカのダレス長官ら高官が来日し、防衛力拡充を迫った。実際にダレス長官らは、「日本の防衛努力に不満を述べ、ＭＳＡ交渉の進展につれて、交渉の実質的中心がアメリカの軍事援助に見合うべき日本の防衛増強計画にあることが、ますます明らかとなった」[24]のである。

そうした事態を踏まえ、吉田首相や吉田内閣の閣僚たちの説明に最も鋭く切り込んだ論戦を挑んだのは日本社会党の木村禧八郎議員であった。木村議員は、「日本経済の自立に関して、特需にいつまでも依存しておつては日本経済の真の自立はできない」[25]と主張した。特に木村はＭＳＡ協定がアメリカへの従属関係を容認する結果となり再軍備が結果していけば防衛産業への政府の過剰投資にもつながり、日本経済の自立にブレーキがかかるとする認識を示す。

これと同様にＭＳＡ協定に絡め、特需依存から日本の防衛産業の再興プロセスのなかで経済復興を企画しているのではないかとする疑問に関連して、日本社会党の相馬助治は、「従来のような受注品目でなくて、重兵器であるとか、航空機であるとか、艦艇であるとか、こういうふうなものがどのような形において将来助成されて、これら工業を進ませようと政府自身は意図しておるのか」[26]とする疑問を呈する。これに対して、大蔵大臣の小笠原三九郎は、「例えば、防衛産業に向せるにいたしましても、日本にいわゆる保安隊等がありますから、これらの武器、その使つております武器その他は勿論全部向うからもらっておる、或いは借受けるようには参りかねることと思われるのでありまして、例えば現在のものを作るといたしましても、保安隊その他に要するものが相当あろ

う と見受けられるのであります」[27]と答弁している。

ＭＳＡ協定に規定された経済の自立とは、結局は防衛産業への過剰投資を結果することの可能性を指摘しつつ、これには保安隊の装備品を担保する防衛産業の充実に限定し、他の民需産業への圧迫を回避するのだと言う。ここに吉田内閣と野党との間にＭＳＡ協定に絡め、経済の自立と防衛産業の充実という二つの政策が矛盾する点が争点化している。政府は経済の自立を目的として特需依存から脱却する方向で舵切りしてもＭＳＡ協定がある限り、自立経済の質も防衛産業の方向性もアメリカの意向の下で進めるしかなく自立経済に帰結する可能性は乏しいというのが野党の一致した見解である。ここからは、アメリカによる軍事支援と日本の自立経済との調整が構造的に困難であることを吉田内閣も野党も根底では同様な認識を抱いていたことが分る。

この矛盾を解決する方法として案出されたのが兵器の輸出という課題である。この点について、野党側から木村禧八郎は、以下の注目すべき発言を行う。すなわち、「今後日本の防衛生産に関連して、日本の保安隊に供給する兵器の生産を育成すると言われましたが、日本の今の実情では、兵器生産の育成をして行く場合に、企業単位としては日本の保安隊の需要を対象としただけでは成立たないのです。どうしてもいわゆる域外貸付、兵器の輸出というものを前提としなければ企業単位としては成立ちません。そうすると、どうしても特需依存の経済というものを続けて行かざるを得ないのです。そこで兵器生産の行くということは、即特需依存になる。日本経済の自立というものと矛盾するのですよ」（傍点引用者）[28]と。

経済の自立と防衛産業の拡充が矛盾なく進行するためには、防衛産業が独自に発展していく前提として兵器生産の受注対象を保安庁以外の海外に求める兵器輸出の方法を提案していたのである。木村議員は、防衛産業が持続可能な産業として成立するためには、国内市場では不十分であり、海外に販路を求めるしかないのではと指摘した。これは木村議員が積極的に兵器輸出を推奨した訳ではなく、経済の自立と防衛産業を両立するための方途として兵器輸出（武器輸出）しかないとする判断を示したと受け取れよう。

防衛産業の持続可能性を担保するために武器輸出を志向する実態は、戦前日本の軍需産業界にも同様な事例がある。[*29] 勿論軍需産業に限らず、国内だけでなく国外・海外に市場・販路を志向するのは、産業の拡充には不可避であるが、戦後日本の防衛産業の復興期にあたっても同様の課題が国会の場で活発に議論されていたのである。

さらに、木村議員は吉田首相と愛知揆一議員への政府側の答弁を不服とし、続けて以下の発言を行っている。すなわち、「若し兵器産業のほうに融資するとすれば、これは経団連でもはつきり言つておりますが、日本でこれから兵器産業を育成して行く場合、日本の自衛隊のみの需要では工業単位が大き過ぎて、とてもそういう兵器産業を興すことは困難である。結局経済単位が大きくなれば採算が合いませんから、結局しまいには台湾と朝鮮とかその他東南アジア方面に対する兵器の輸出というものを前提にする。そうしていわゆる太平洋同盟機構ですか、いわゆるPATO〔太平洋アジア条約機構〕に入つて行くということになつて行くと思う」（傍点引用者）[*30] と。

木村議員を含め野党議員の政府批判の理由として、経済の自立を阻害する防衛産業とする位置づけから、その防衛産業の持続可能性を担保するためには、防衛産業の販路を海外に求めるしかなく、そうなると木村議員の言う「太平洋アジア条約機構」に参加することで戦後日本が目標とする平和主義を棄損し、アメリカ中心の集団的自衛体制に参画を余儀なくされる可能性を指摘することであった。

以上の国会論議から、保安隊を挟んで自衛隊が創立される前後から俄然日本の防衛産業の在り方をめぐり、活発な論戦が展開された。この論戦で浮き彫りとなったことは、アメリカの軍事支援を担保するＭＳＡ協定への向き合い方を通して、自衛隊創立による日本の再軍備方針が確定され、同時に自衛隊装備を巡り日本の防衛産業の拡充方針が検討されたことである。防衛産業の持続可能性を担保するためには、アメリカからの軍事支援に依存するだけでなく、武器輸出を視野に入れた防衛産業を拡充する条件として、アメリカを中心とする集団的自衛体制への編入が不可避とする見解が表向き先行することになった。あくまで軽軍備構想により日本経済の自立発展を希求する吉田内閣は、防衛産業に一定程度の歯止めをかけることによって、同時的に日本の軍事大国化への国内外からの批判を回避する政策を施行しようとした。

2　自主防衛論と日米同盟論の相克——自立と従属の曖昧な選択——

防衛生産委員会の発足と活動

次に、こうした国会論戦とは別に再軍備、防衛産業、武器輸出などの新たな政策展開に世論や防衛生産委員会を中心とする防衛産業当事者は、一体如何なる姿勢を採っていたかを概観しておきたい。そこでは日本再軍備過程で浮上した自主防衛論とアメリカへの依存と従属を本質とする同盟論の併存という日本政府の曖昧な選択の実態を確認することになろう。[*31]

朝鮮戦争を起点とするＧＨＱの対日占領政策は民主化から「逆コース」と言われる方向へと大きく舵を切った。これに呼応して日米経済関係の円滑化を目的として設置されていた日米経済提携懇談会を総合政策委員会、アジア復興開発委員会、そして防衛生産委員会の三委員会に分立させ、当面はアメリカの経済的・軍事的支援を受けつつ、防衛生産委員会に注力することになった。一九五二年八月一三日のことである。[*32] 防衛生産委員会は、アメリカ軍特需を中心とする武器生産活動の準備、ＭＳＡ協定締結問題への日本財界の対応、自衛隊装備拡充政策に絡む防衛生産態勢の構築など、順を追って活動を開始する。設立当初には、「国有軍需工業等諸施設の活用に関する緊急要望意見」（一九五二年一〇月二八日）、「航空機、武器製造設備の耐用年数に関する要望意見」（一九五二年二月二七日、三月五日、三月二七日）、「特需兵器の運転資金確保に関する要望意見」（一九五三年一〇月六日）と相次ぎ意見書を公表していく。

これより先に経団連は第八回総会決議として「国際社会復帰に際してのわれわれの覚悟」を作成していたが、要するにその内容は日米経済の提携と統合、アメリカが極東アジアの安全保障に日本の工業力を活用すること、それによる日本経済の早期自立を図る努力をアメリカが理解すること、などであった。[*33]

そもそもアメリカはＭＳＡ協定を如何に位置付けていたのか。同協定に重要な役割を担ったダレス米国務長官の発言を以下に引用する。それは、一九五三年五月六日、米下院外交委員会での発言である。「日本の将来はアメリカの将来と密接に結びついている。日本は確実な同盟国であるが、その経済情勢は極めて不安定である。日本はアジアの穀倉たる東南アジアとの貿易を発展させたいと希望しているし、また、日本は東南アジアの石油、鉄鉱石、その他の原料を必要としている。従って、もし東南アジアが、共産主義者の支配下に陥るならば、日本の将来は極めて不安定なものとなろう」[*34]とする内容であった。すなわち、MSAは共産主義の東南アジア方面への浸透を食い止めるべく日本への経済軍事の両面にわたる支援を施すことによるアメリカの反共防波堤構築の一環として位置付けられていたのである。このことは特段目新しことではないが、吉田政権はこのうち経済援助を引き出すツールとしてMSAを解釈しようと躍起であったことから、このアメリカの軍事戦略への共感をことさら示すことはなかったのである。

こうした吉田内閣の姿勢もあって、防衛生産委員会はMSAを積極的に評価していくなかで、そこから防衛生産の資金を引き出すべく、様々な言論を展開していく。その典型事例として、防衛生産委員会が取りまとめた「MSA援助受入れに関し意見書」を立案（第五回防衛生産委員会）している。そして、一九五三年七月六日付で経団連協力懇談会の名前で作成した「MSA受入に関する一般的要望書意見（案）二八・七・六　経団連経済協力懇談会」がある。そこでの文面の一部を以下に引用しておく。

そこには、「自由世界の一員としての日本が、真にその実績を備えるには、政治的ならびに経済的諸条件の許容する範囲において、自主的に自衛力漸増に関する必要な措置を講じ、併せてその工業力等を通じ自由世界の防衛力強化に充分の貢献をいたすことを考慮する必要があると考える。恰もMSA援助の適用が、日本の現状に基礎を置き、且つその援助を通じて右の基本的課題の実現促進に寄与し得るものであるならば、われわれは、その受入れに対して最早躊躇すべきでないと信じる」[35]と明確な姿勢を示そうとしていた。

経団連防衛生産委員会の兵器輸出論と防衛力整備案

軍需産業の持続性を担保するために、関連企業家たちが強く要請したのは、兵器の東南アジア方面を射程に据えた武器輸出の実現であった。当該期、防衛力整備計画案が財界の意向を体現する格好で提出されていくが、特に経団連の防衛生産委員会が提出した「防衛力整備に関する一試案」（以下、経団連試案）は、当時の経済界が再軍備と防衛産業を表裏一体のものとして捉えていたことを数字的に証明するものであった。

その一部を記述したが、経団連試案は、一九五三（昭和二八）年から一九五八（昭和三三）年までの整備計画後の防衛力として陸上一五個師団（三〇万人）、海上二九・二万トン（七万人）、航空三七五〇機（一三万人）となっており、かかる防衛費のうち六年間の総計二兆八九四三億円、そのうち、日本支弁分が一兆六二五二億円、米国依存分一兆二六九一億円であった。[36]

一方、国民経済研究会が作成した「日本再軍備の経済的研究」は、同様六年間の計画後の防衛力について、陸上七個師団（一七・五万人）、海上二二万トン（三・五万人）、航空一二〇〇機（二・八万人）とし、国防費総計二兆二六五三億円（所要額二兆五二三億円、防衛分担金二一三〇億円）、国防費支出限度一兆四〇五九億円、不足額＝米国援助期待額八五八四億円となっていた。[*37]

この他にも現時点で再軍備案として保安庁案、経審案、大蔵案などが提出されていたことが判明しているが、日本の再軍備から防衛力整備計画は、以上二つの案をベースにして構築されていく。確かにこの二案について陸海軍の規模に差異は認められるが、六年間の総計費に際立った違いはない。問題は以上の二案がアメリカからの軍事支援に総計費の半分前後を依存していたことである。それはアメリカの日本の防衛力整備への期待とMSA協定の存在が決定的理由であったと同時に、日本の防衛生産委員会を筆頭とする防衛産業拡充への期待が日本の経済復興過程のなかで、極めて重要な産業と位置付けられていたからである。

その意味で言えば、経済的自立を志向したがゆえに、アメリカからの軍事費支援への期待が強まったと言える。つまり、経済的自立と軍事的支援が表裏一体のものとして浮上していたということである。換言すれば、自立と従属がワンセットで再軍備がスタートし、その後の防衛力整備計画も進展していったと言える。自立と従属の間に生じる違和感は様々な反発という形で現れはしたが、現実にアメリカによる軍事的支援は、アメリカの東アジア軍事戦略の展開と連動したものであったことに違いないが、同時に日本の経済界も軍事的支援を呼び込むことで経済的自立への道を積極的に推進しようとしたとも言える。[*38]

国民経済を圧迫する防衛産業

防衛産業への期待が挙がる一方で、これとは反対に国民生活への圧迫を懸念する声も起きていた。なかでも保安庁案では対国民所得比率では昭和二九年＝三・八％、昭和三〇年＝四・二％、昭和三一年＝四・八％、昭和三二年＝五・一％、昭和三三年＝五・五％と上昇する試算であったからである。これは経審案が同様に三・一％、三・七％、四・一％、四・一％、四・一％、大蔵案が二・二％、二・四％、二・八％、二・一％、三・六％と比較しても高位であったこともある。*39

こうした国民経済を圧迫する保安庁案は、経済の自立という戦後日本の最大課題を棄損する可能性が明確になるにつれて、陸海空保安隊員合計二八万三〇〇〇名の保安庁案は軽軍備構想を掲げる吉田内閣の許容するところとはならず、こうした懸念は現実のものとはならなかった。この点で防衛産業の拡充を希求する防衛生産委員会と軽軍備構想の実現による国民経済の自立、ひいては日本経済の自立は、野党の反対を回避する意味と同時に、それ以上に吉田内閣の基本姿勢となっていった。

これに加え吉田内閣は当時国会において安定した議席を保有しておらず、それゆえに防衛生産委員会の見解も受容しつつ、同時に経済自立を図るという困難な舵取りを迫られた。そこから吉田内閣は、ＭＳＡ協定の位置づけについてもアメリカからの経済的援助とする側面を実際以上に強調することにより、国民世論や野党勢力の批判を回避することに専念していく。

実は表向き経済自立を掲げつつ、実際には軍事支援を受容していく二律相反する政策は、吉田政権以後においても日本の保守政治・保守体制の基本原理となっていくものである。それが日本防衛政策の曖昧性とする指摘を受けることになる原因であった。

ＭＳＡ協定締結による経済的自立の可能性後退や防衛産業の拡充への批判は言論の場でも活発に

展開されることになった。例えば著名な経済学者であった法政大学教授の宇佐美誠次郎は、「MSA援助は耐乏生活を要求する」と題する論文のなかで、「MSAは軍事援助である。MSAの持つ経済的側面を強調し、MSAが特需に代わるドル収入であるとか、これを拒否すれば日本経済は破滅するからといって、国民に宣伝したり、おどしたりしていた経団連や政府のいうこととちがつて、MSAが軍事援助一本槍であることは、交渉の過程において明確になつたところである。すなわち、MSAは、日本の防衛力（軍備）を強化すれば、それに応じてアメリカが、兵器や軍事顧問を送つてやるという援助なのである」[*40]と喝破する。

また国会の場でこの宇佐美の見解と同様に軍事援助としてのMSA協定により、日本経済を圧迫し、経済の自立の可能性を削ぐものとする批判を展開していた木村禧八郎は、雑誌『中央公論』の『防衛生産』問題特集」に「防衛生産の進行による日本の変貌」と題する論文を寄稿し、「わが国の〝防衛生産〟は国連協力による集団安全保障という名目と日米安全保障条約とに基づいて、米国の対ソ戦略の一翼として（イ）米国極東軍に対する軍需品の供給、その兵器の定期修理、（ロ）日本自身の再軍備、（ハ）アジア諸国を米国の対ソ巻返し政策に動員するために必要な兵器の供給という、いわゆる《アジアの兵器廠》としての役割を課せられており、したがつて、この役割は必然的に米国の対ソ作戦に従属せざるをえない」[*41]と指摘している。

すなわち、MSA協定が再軍備と軍需産業に拍車をかけ、同時にアメリカの対ソ連軍事戦略のなかに確実に取り込まれていく可能性を明確に指摘したのである。朝鮮戦争を通じて、日本が既に〈アメリカの兵器廠〉となったことは実証済であったが、朝鮮戦争後においては、アメリカの対ソ戦略を支える兵器廠として射程に据えられていた現実があった。
そうしたアメリカの意向をいち早く察知した日本の産業界は、軍需生産への関心を強めていた。特に三菱の郷古潔、昭和電工の石川一郎が中心となって軍需産業界が統一して行動することとし、貿易商社の特需商社懇談会、メーカーの兵器生産懇談会が政府の経済審議庁（前身は経済安定本部、後の経済企画庁）や、アメリカの在日米軍調達本部（U.S. Army Procurement Agency in Japan：JPA）との間に緊密な連携関係を構築していた。これら二つの懇談会等の役割は、「彼らの目下の最重要関心事は政府に再軍備進捗の決意をつけさしめ、自己の兵器生産の見透しを立てることである」[*42]とされた。
その一例として一九四七年一〇月、軍需生産と武器輸出に積極的であった河合良成が社長に就任してからの小松製作所は、一九五二年六月にＪＰＡ（在日米軍調達部）の第一回兵器特需に応札し、大量の砲弾受注（以後数次で通計一六〇億円）、一九五二年一〇月、陸軍造兵廠枚方製造所の払下げを内定した。さらに、大阪工場として開設し、一九五三年九月には旧陸軍枚方造兵廠甲斐田、地区の払下げを次々に受け取り、一九五三年一〇月、〔旧陸軍〕造兵廠中宮両地区の払下げと続いた。こうした歩みのなかで、確実に軍需企業化していった典型事例であった。[*43]
小松製作所社長の河合良成は、武器輸出についても強い関心を抱いており、「こと弾薬に関する限り私共は平時におけるわが国の防衛需要を充たした上に、東南アジア諸国の要求にも応じ得るのであります。（中略）私共はこの事業に従事したことに聊かの後悔も持たないばかりか、日本にとって莫大な輸出産業を完成したのであります。[*44]」と兵器輸出への期待を赤裸々に表明していた。こうした動きは他の重工業関係企業も同様であり、文字通り日本が〈アジアの兵器廠〉として、日本工業全体のリーディングセクターとしての自負心を語っていたのである。[45]

この他にも軍需生産の拡充と防衛力増強を求める諸団体は数多あり、そのなかで旧陸海軍の将校グループが様々な団体組織を結成し、一種の圧力団体として軍需産業の活性化を求める活動を展開していた。防衛生産委員会とも密接な関係を保っていた保科善次郎元海軍中将を中心とする兵器生産協力会、旧陸海軍将校の親睦団体である偕行社や水交会、東京帝国大学経済学部教授などを歴任した渡邊銕蔵の渡邊経済研究所（機関誌『防衛と經濟』発行）や土井明夫元陸軍中将の大陸問題研究所（機関誌『大陸問題』発行）、元満鉄総裁などを勤めた八田嘉明を会長とする曙会（機関誌『あけぼの』発行）等があった。

しかし、その防衛産業が日本の産業全体に占める割合を数字で示すと決して大きなものではなかった。例えば、「日本の防衛産業は経済的にみると相対的重要性は低かった。朝鮮戦争終結後、防衛装備品の生産が工業製品生産高に占める割合は、一九五四年に一・二％だったものが一九五五年には一・〇％に、そして一九六五年には、〇・五％へと低下した。そしてそれ以降は、おおむねその水準で推移している」[46]との指摘がある。

こうした経団連案への批判的な議論も決して少なくなかった。例えば、『統制経済論序説』（学林社、一九五〇年刊）の著者として知られる経済学者の高橋良三は「〝防衛生産〟計画の全貌」と題する論考のなかで、「経団連案」について、四点を指摘して批判する。

すなわち、「第一は三軍バランスを採ったこと。第二は、厖大な設備投資を伴い、平和産業を圧迫すること。第三には、こういう無理な投資をして整備された設備は、全部稼働するかというと、ほんの極一部しか動かない。第四には、米英軍需資本への従属が不可避となって行くことがある」[47]と。保安隊から自衛隊へと軍隊としての内実を高める過程で、陸海空三自衛隊にほぼ同等の装備を施すことで戦略論を抜きにした防衛産業の受け皿としての自衛隊創設構想を暗に批判しつつ、過剰な防衛産業への投資が民需を圧迫するとの懸念を表明する。また、過剰なまでの設備投資さえも企業利益として還元されず、資本蓄積も進まないとの予測の下、結局は膨らんだ設備投資による防衛産業の継続のためには、英米軍需資本へ従属する構造が実体化すると指摘する。

この高橋の懸念は以後、現実的な課題となってくる。また、そうした高橋が説いた懸念は多くの経済学者や政治家、さらには企業家のなかにも拡散していく。それは日本の経済的自立の課題に留まらず、日本の防衛体制を如何にして構築していくのかをめぐる激しい議論となってくりかえされていったのである。これより先に、『中央公論』は保安隊から自衛隊へと転換していくなかで、「日本再軍備問題特集」を組み、あらためて再軍備の是非を問う議論を紹介している。[48]

3　自主防衛論の高揚と軽軍備論の並走——冷戦期日本の防衛政策——

防衛政策をめぐる対立

以上で防衛産業の日本経済に占める位置について触れてきたが、以下では自主防衛論の高揚と、これに対置する軽軍備論の並走状態について論じる。保安隊が自衛隊へと転換していく過程で自主防衛論が活発に議論の俎上に上がり、一方では吉田茂首相に代表される軽軍備論も一定の支持を得ていた。吉田内閣は基本的に日本経済の自立を最優先するためには、軍需産業への資本投下に制約を加え、来るべき自衛隊の装備も可能な限り、軽装備に徹することを政策としていたことは周知の通りである。[*49]

当該期日本の防衛政策がアメリカの軍事戦略に規定されていたことは、誰の目に明らかであった。この問題について国会論議のなかでも議論が交わされていたが、例えば、自由党の中山福蔵は、「このたびMSA協定の結果として、若し自由主義国家群の太平洋防衛同盟というものができた場合を仮定して、先般衆議院においても相当論議されておりましたが、木村保安庁長官は、或る一部の動員をやつて共同歩調をとらせるかもわからん、但し第一線には派兵をしない、ただ内部協力をすることはあるかも知れん」と発言し、それを受けて、吉田首相は「海外派兵は約束いたしておりません。又太平洋同盟とかいうようなものに参加致すつもりもなければ、又その考えは現在のところございません」[*50]と海外派兵の可能性を否定した。

その意味は、冷戦期における日本の防衛がアメリカによって左右されることはないとしたもので、これが直ちに日本が自主防衛、換言すれば日本一国に限定された防衛体制を敷くことが日本の防衛政策の基本としたことと、何よりもアメリカの規定に従えば自衛隊が軽武装から重武装を回避できなくなり、それがまた軍需産業への過剰な資本投下となるとする持論を展開したことである。

吉田首相は同時に、前にも述べたが「MSA問題についても、これは決してアメリカの圧迫によつてこのMSAを承諾したのではなくて、（中略）同時に日本としても要請もあり希望もあり、話し合いの結果できたのであつて、米国政府の指揮命令によつてできたものでないことは、外務大臣においてもこれまで十分説明したろうと考えます」[*51]と述べ、アメリカへの従属政策を批判する社会党など野党議員への反論を展開していた。

防衛政策を論ずる上では回避できない重大な争点として日本国憲法第九条との絡みがある。その点の説明に政府側は苦慮する。吉田内閣の副総理であった緒方竹虎は、「今回のＭＳＡの取決めによりまして、何ら軍事的義務を加えておるものでないのでありまして、その意味で憲法違反ではないと信じております。」と論じてみせるものの、日本社会党の相馬助治に、「第八条は明らかに『安全保障条約に基いて負つている軍事的義務を履行することの決意を再確認する』とあります。で、決意ということは、これは行動を伴うことを一般的に意図していると思うのです。」[*52]と正面から否定される始末であった。

こうしたやり取りからも窺うことが出来るように、吉田首相の言う軽軍備構想をも含めて、軍備と憲法の整合性をどのように説明するかは、日本の防衛政策の自己矛盾として戦後から現在まで一貫する課題であり、それゆえ日本の防衛政策が一貫性を欠落させて曖昧な政策として与野党の争点として繰り返されることとなるものであった。

武器輸出市場と輸出実績

日本が防衛産業の継続的発展を図るためには、自衛隊装備の充当だけでは限界があり、防衛生産委員会では積極的に武器輸出の方途を探りだすことに懸命であった。それまで防衛産業は朝鮮戦争に対応する戦時消耗補塡であり、朝鮮戦争休戦以後、一九五五（昭和三〇）年に至り消耗品である弾薬発注停止が現実となった段階で防衛生産委員会は弾薬をはじめ、武器輸出先の洗い出し作業に入った。当該期、国際紛争の争点地として浮上していた東南アジア諸国へのアメリカの軍事援助が急速に増大するなかで、防衛生産委員会も同地域への武器輸出の可能性を探るために詳細な調査に乗り出した。その結果、施設機材、軍用車両、タンク等五四品目、兵器、重要五四品目、通信機器六三品目、弾薬類四一品目、航空機二機種、その他五品目、計二一九品目が調査対象となったとされた。[*53]

翌年の一九五六（昭和三一）年三月には、経済団体連合会もベトナム、カンボジア、タイ、ビルマ、パキスタンに向けて経済親善民間使節団を派遣し、主に同諸国への経済開発協力が中心的な課題とされた。そこではベトナム海軍工廠への技術援助なども含め、広義の軍事支援も予定された。しかし、一九五八年の春に技術者派遣が実現するまでには、時間を要した。その後、兵器輸出は政治的問題や防衛生産態勢の未整備などの課題もあり、当初期待した輸出実績を果たすことはできなかった。具体的には、一九五九（昭和三四）年六月現在の兵器輸出実績総計は一六七四万ドルであり、このうち四九一万ドルが賠償支払いであった。[*54]

防衛生産委員会の意気ごみとは裏腹に期待に反した実績しか上げられなかったことから、一九六二（昭和三七）年七月一二日に「兵器輸出に関する意見書」が作成された。そこには輸出の伸び悩みの原因を指摘すると同時に、そうした課題克服のためにも、今後一層武器輸出の増大を図るべきだとの結論が展開されていた。

最後に戦後の防衛力整備計画の開始に絡む防衛生産の実態について、触れておきたい。第一次防衛力整備計画が公表された一九五八年の調達兵器類の約四六%は、米軍からの無償援助によるものであったものの、装備品の国産化が確実に進んでいく。つまり、その意味で自立化傾向が顕在となる。これに関連して、木原正雄は「防衛計画基本方針が決定された一九五五年には、特需による軍需生産から、防衛計画にもとづく『自立的』防衛生産へと発展し、第一次防衛力整備計画が公然と開始された一九五八年には、特需にくらべ自衛隊の調達のほうが多くなり、防衛生産も『安定した市場』をもつとともに、軍事品の品目も変化し、多様化し、軍需品の国内生産の基盤が確立された」[*55]と指摘している。さらに、「一九六二年には、自衛隊の国内調達を可能とする軍需生産の量産態勢が、独占資本を中心にして確立され、自律的なものになった」[*56]とする。

但し、木村が指摘する軍需品の自律とは、量的なレベルとの断りが必要で、高度技術を必要とする高額兵器類については、多くをアメリカに依存せざるを得なかったことは言うまでも無い。現代で言えば、イージスミサイル艦の電子システムなどアメリカからパッケージとして輸入せざるを得ない。また、ライセンス生産兵器なども金額的にも圧倒的である。

おわりに——三つの課題から——

本章が掲げた三点の課題について、結論として順に要約しておきたい。

第一の課題については、確かに、冷戦期日本の防衛生産や防衛政策が朝鮮戦争以後におけるアジア地域における安全保障環境の急激な変化のなかで、勢いアメリカが日本の民主化政策から防衛力充実の要求を基本的には要請し続けていた現状からして、日本の自立と同盟の枠組みは、アメリカの対アジア戦略の動向によって規定され続けた。つまり、アメリカの対日防衛強化の要請は、アメリカの具体的には対ソ連、対中国軍事戦略の一環から出されてきたものであり、日本の経済発展は、そのための手段として位置付けられていたことである。

その大枠のなかで、朝鮮戦争前後期から始まる一九五〇年代冷戦期の防衛産業の進展速度が調節され、その調節過程において経済的自立が結果するという防衛と経済が深く連動していたのである。その意味で日本における軍事（防衛）と経済の強化発展は表裏一体の関係にあった。そこから、自立と同盟という本来は相克と矛盾する関係が希薄化されていく。そのことが、日本の防衛政策の展開過程を非常に見辛くさせることになった。本来、一国の防衛は自立的であることを前提とするものが、冷戦の事態によって強制的に日本の場合は超大国アメリカに同一化させられていったのが現実であった。従って、そのことを従属や依存という把握の仕方は極めて皮相的かつ現象的な把握ということになる。戦後日本国家が現在まで続く防衛政策の不透明さは、実はこの冷戦期の不透明さに由来しているのである。

第二の課題については、本章では必ずしも直接的に触れてはいないが、吉田政権下の防衛政策をアメリカの防衛力増加要求に経済優先路線を敷いたために軽軍備構想で対応した吉田首相の姿勢を、自立と自主の用語で把握するのは限界がある。吉田にしても、量的拡大が独り歩きするのには細心の注意を払ったが、決して防衛力強化に反対であった訳ではない。芦田均にしても、アメリカとの関係を怠ったかと言えばそうではなかった。

それゆえに、吉田と対抗し、防衛力増強を積極的に主張していた芦田均への期待や評価よりは高かったとされる。芦田にしても、防衛力増強は確かに独立国日本の体裁を整える意味における防衛力増強であり、そのためにアメリカとの同盟強化を常に念頭に据えていた。その意味で軽軍備論の吉田、重軍備論の芦田との対比論もあるが、実際には「再軍備過程における日本の自主性を重視する一方で、この問題を日米安全保障条約の文脈の中に位置づける芦田にとっては、「自主」と「同盟」は表裏一体であり、異なったベクトルを向いている概念とは考えられていなかったのである」[57]との指摘があるように、「自主」又は「自立」と「同盟」とが対置概念あるいは対立政策としては、想定されていなかったと言えよう。

同一ベクトルのなかに「自立」と「同盟」が共存したことは韓国でも同様であり、それは程度の差こそあれ、また保守と革新とを問わず、日本でも韓国以上に同質の問題として戦後日本の防衛政策の特徴となった。その原因は本章で論じてきたように、戦後日本の産業が軍需によって再起動を余儀なくされ、民需再興のためには戦前期軍需産業を一端は解体するものの、軍需産業への梃入れが不可欠であったこと、それに拍車をかけたのが朝鮮戦争による特需であったことである。軍需をリーディングセクターとして民需が活性化された事実は、今日において否定し難い経済的政治的な実態として受け止められていよう。そのことを強く意識し、実行を主張したのが防衛生産委員会に代表される企業経営者たちであった。

第三の課題については、本章の特に第三節で展開したが、そこではＭＳＡ協定の位置づけをめぐり、国会における与野党間の激しい論争を紹介しながら、結局はそれが解釈の相違から結果した論争というより、自主防衛や日米同盟論をめぐる論争であったことを知ることが出来る。確かにＭＳＡ協定は軍事援助のカテゴリーで捉えるべき日米間の協定であった。そのこともあって、ＭＳＡ協定に激しい拒否感情が横溢していことも確かであった。常にそこには、戦争の記憶が強く議論に影響を及ぼしていたことは事実だとしても、それ以上に新憲法下で平和国家日本として再出発した事実を踏まえ、新たな軍事主義の台頭を抑えつつ、平和国家に最適な防衛政策と、それを支える防衛産業の充実、しかもそれが経済的自立に支えられたものとする原理原則を巡る論争であった。

そのなかで本章が特に注目したのが防衛生産委員会の役割であり、それが直線的に防衛力増強を目的とする防衛生産の拡大を志向しただけでなく、いわゆる民需と軍需の一定のバランスのなかで相互補完的な発展充実を要請していたことが知れる。それが日本の軍事主義的な政治風土をも抑制し、最適かつ最小の防衛力を段階的に整備可能にする合理的な選択であった。しかし、与野党間における激しい論争のなかで、安定的かつ確定的な防衛政策の打ちだしが順調に進まなかったことも事実であった。

それゆえ、アメリカからすれば相対的に信任が厚かったとされる吉田茂政権や、当該期に政権を担った芦田均政権をも含めて、日本政府への絶対的な信頼を必ずしも寄せてはいなかった。そこには常に日本政府や日本国民が反米的姿勢に転化する可能性を一貫して読み取っていたのであり、それがゆえに強圧的な防衛力増強を赤裸々には求めてこなかった。アメリカにとっては、日本を対ソ・対中戦略にとって重要な国家であると同時に、日本国内における脱米中立的な傾向に突き進んでいくことへの警戒感は一貫して抱く状況であったのである。

本章全体の意図に絡めて言えば、武器移転の問題も含めて広義の防衛生産は、極めて他律的かつ国際的なファクターによって如何様にでも変容する可能性を多分に持ったものとしてあったのである。そして、繰り返し言えば、独立国家日本の自立と同盟の行方は、最終的にはアメリカという圧力に規定されながら曖昧さを限りなく露呈していくのである。それゆえに、日本国内における保守的かつ反動的な動きと、それとは逆に革新的かつ自由主義な動きという二つの潮流の狭間で一貫して揺れ動くのである。

その結果、日本の確固不動の防衛政策不在の状況下では、防衛産業の展開も極めて政治的な要因によって左右されることになった。それは冷戦終焉後から日本の高度経済成長を挟んで現在に至るまで、防衛政策も防衛産業も大きく様変わりする一方で、アメリカという外的要因に縛られ続けるという構造は、不変なのである。

注

第一章　武器生産をめぐる軍民関係と軍需工業動員法

1　皆川国生「軍需工業動員体制の一側面」(『土地制度史学』昭和五八年度学会報告レジュメ、六九頁)、参照。

2　波形昭一「経済調査会と日支・満州銀行構想」(『社会科学討究』第二六巻第二号、一九八〇年一〇月、五九頁)。

3　吉田裕は、「第一次世界大戦と軍部」のなかで、大戦が陸軍に与えた衝撃の一つに工業動員の必要性に対する認識が生まれ、重化学工業の積極的育成の課題が自覚され始めたこと、を挙げている(『歴史学研究』第四六〇号、一九七八年九月)。

4　これに関連して、利谷信義・本間重紀は、「天皇制国家機構　法体制の再編」のなかで、軍部と独占ブルジョアジーとは、「その内部に一定の矛盾をはらみつつ、しかし、植民地略奪の軍事的・経済的強化と、軍需工業＝重化学の推進という基本において一致し、第一次大戦＝非常時を媒介して、挙国一致へむかう」(『大系日本国家史5　近代Ⅰ』東京大学出版会、一九七六年、一五八頁)と指摘している。また、第一次世界大戦後における重化学工業化の問題については、三和良一「重化学工業化と経済政策」(『社会経済史学』第四一巻第六号、一九七六年三月)、安井国雄「第一次世界大戦後における重化学工業化と経済政策」(大阪市立大学経済学会『経済学雑誌』第七七巻第三号、一九七七年九月)、同「第一次大戦後における重化学工業の展開」(山崎隆三編『両大戦間期の日本資本主義』上巻、一九七八年)、村上勝彦

「資本蓄積(2)　重工業」（大石嘉一郎編『日本帝国主義史1　第一次大戦期』一九八五年）参照。これらの論文は、大戦後から一九二〇年代にかけての重化学工業の発展を積極的に評価している。

5　竹村民郎は、「わが国の指導的工業資本家グループは、産業連繋の問題に強い関心を持ち兵器生産体系の合理化を主張し戦時を想定した産業動員体制の確立についても基本的には支持していたとしても、彼らは政府、軍部の指導による軍需工業動員法案にはかならずしも全面的に賛成せず、むしろ強い不満を表明していたということである」（同『独占と兵器生産』一九七一年、九四頁）と述べ、軍・財間の対立を強調する見解に立っている。また、本間重紀は、「戦時経済法の研究(1)　国家的独占と経済法」のなかで、「軍需工業動員法はその成立過程において議会に代表されるブルジョア勢力に対して一定の譲歩がおこなわれたものの、基本的には陸軍を中心とする軍部の主導の下で成立したものであった」（『社会科学研究』第二五巻第六号、一九七四年三月、三一頁）としている。

6　坂野潤治は、こうした問題把握の方法を「総力戦体制研究史観」と呼称し、批判的見解を提示している（「一九八二年度の歴史学界―回顧と展望―」『史学雑誌』第九二編第五号、一九八三年五月、一三二頁）。

7　小林英夫「総力戦体制と植民地」（今井精一編『体系日本現代史』第二巻、日本評論社、一九七九年、四五頁）。

8　本章のテーマに関する研究には、以上引用した他に次のものがある。加藤俊彦「軍部と統制経済」（『社会科学年研究」第二九巻第一号、一九七七年八月）、山口利昭「国家総動員研究序説」（『国家学会雑誌』第九二巻第三・四合併号、一九七九年四月）、今井清一「総力戦体制と軍部」（東京大学社会科学研究所編『ファシズム期の国家と社会』東京大学出版会、第六巻、一九七九年）、松本俊郎「日本帝国主義の資源問題」（前掲『体系日本現代史』第四巻、一九七九年）、疋田康行「戦時統制経済と独占」（同右）、原田敬一「製鉄業奨励法成立過程における官僚とブルジョアジー」（『日本史研究』第二二一号、一九八一年一月）、同「近代日本の軍部とブルジョアジー」（同右、第二三五号、一九八二年三月）、黒沢文貴「日本陸軍の総力戦構想」（『上智史学』第二七号、一九八二年）、斎藤聖二「海軍における第一次大戦研究とその波動」（『歴史学研究』第五三〇号、一九八四年七月）。

9　臨時軍事調査委員会については、黒沢文貴「臨時軍事調査委員会について」（上智大学『紀尾井史学』第二号、一九八二年一二月）、拙稿「臨時軍事調査委員会の業務内容」（『政治経済史学』第一七四号、一九八〇年二月）、参照。

10　「臨時軍事調査委員業務担任区分表」（陸軍省『欧受大日記』（防衛省防衛研究所蔵、大正五年五月）。

11　前掲「臨時軍事調査委員会の業務内容」、四九頁、五六〜五九頁、参照。

12　参謀本部『全国動員計画必要ノ議』（防衛省防衛研究所蔵）。同書は、拙著『総力戦体制研究』の「附録資料」（一九九九年、二〇五頁）に一部転載した。

13　参謀本部『帝国国防資源』（防衛省防衛研究所蔵、一七頁）。同書は、拙著『総力戦体制研究』の「附録資料」（二〇六〜二一二頁）に一部転載した

14　『偕行社記事』（第五一三号、一九一七年一月、二九頁）。

15　吉田豊彦「日本の工業家に希望す」（『欧州戦争実記』第九九号、一九一七年五月一五日、六五頁）。

16　上村良助「欧州戦争と工業動員」（同右、第七五号、一九一六年九月二五日、九八頁）。

17　菊地槙之「動員ニ就テ」（『偕行社記事』第五一二号、一九一七年三月、七〜八頁）。

18　臨時軍事調査委員会『臨時軍事調査委員　第二年報』（防衛省防衛研究所蔵、大正七年一月二〇日、二六七頁）。

19 「臨時陸軍軍事調査委員第一回会同ノ席上ニ於ケル陸軍大臣ノ訓示案」（陸軍省『欧受大日記』大正七年九月）。
20 「英国軍需省内ニ設置セラレタル軍需会議ニ関スル覚書等送大勢ニ鑑ミ、国民生活ノ安定ヲ期シ得ベキ経済産業ニ対スル付ノ件」（同右、大正七年六月）。
21 海軍省『公文備考』（防衛省防衛研究所蔵、大正四年巻一）。
22 同委員会については、斎藤聖二「海軍における第一次大戦研究とその波動」第二七冊、七〇頁）。尚、鶴見誠良は、「日本金融資本研究とその波動」（『歴史学研究』第五三〇号、一九八四年）参照。
23 前掲『公文備考』（大正六年、官職三巻三）。
24 同右、大正六年、官職三巻四
25 「兵資調査会委員長口述覚書」（同右、大正六年巻三）。
26 「統一的工業ニ関シ農商務省商工局長提案ニ対スル回答案」（同右）。
27 同右（大正六年、官職三巻三）。
28 「英国軍需工業動員及工場管理概況　(1)国防法要点」（同右）
29 同右、大正六年官職四巻四。
30 同右、大正七年巻三。
31 『西原亀三文書』（国立国会図書館憲政資料室蔵、第三三冊）。
32 同右、二〜三頁。
33 同右、四頁。
34 同右、一〇〜一一頁。

35 同右、一六頁。

36 同右、三二冊。

37 同右、三七一頁。

38 同右、三七三頁。

39 こうした西原の構想は、後年関東大震災（一九二三年九月一日）を契機に帝国経済会議設置要求の際の次の主張に引き継がれている。すなわち、「此秋ニ方リ国家施設ノ根本調査ヲ遂ゲ、世界ノ大勢ニ鑑ミ、国民生活ノ安定ヲ期シ得ベキ経済産業ニ対スル確固タル国策ヲ樹テ、国民ノ向フ処ヲ確立セザル可カラズ」（西原亀三「帝国経済会議設置ニ関スル建議」『西原亀三文書』第二七冊、七〇頁）。尚、靏貝誠良は、「日本金融資本確立期における日銀信用体系の再編成」のなかで、「日支を中心とするアジアにアウタルキー〔自給自足〕の世界を構築しようとする寺内―勝田―西原＝「朝鮮組」政権は秘密裡に権力中枢において軍事的な国家総動員構想を準備し、その構図のもとに着々と産業的金融的改革を実行していった。その現実の表面に姿をあらわした氷山の一角が、見返担保品の拡張であり、軍需工業動員法であった」（法政大学『経済志林』第一四四巻第一号、一九七六年三月、一六四頁）と述べ、当該期西原の役割を規定している。

40 西原とほぼ同じ内容で経済立国主義を説いた者に、国民党総裁犬養毅（鷲尾義直編『犬養木堂伝』中巻、一九三九年、四〇六～四〇七頁）がいる。また、後藤新平（寺内内閣・内務大臣）の大調査機関設置構想にも同一の発想が見られる。「後藤新平文書」（マイクロフィルムⅠ五一一・大調査機関関係）など参照。

41 本多精一「軍器軍需品の製造と其奨励策」（『財政経済時報』第一三巻第七号、一九一六年七月、四頁）。

42 同右。

43　本田が主宰する『財政経済時報』には、本田とほぼ同様の観点からする記事がこの時期目立っている。たとえば、田尻稲次郎（大蔵省出身・東京市長）は、「戦後の経済と自給策」（第五巻第一号、一九一八年一月）のなかで、大戦を契機に国際的に自給自足経済が主流となっているとし、これへの対応策確立を説いた。国内資源開発を説いた野呂景義（東大教授・農商務省技師）の、「鉄材独立自給の根本政策」（同右）、製鉄原料、自給体制確立のため国民の自覚・理解の必要性を説いた横堀治三郎「姑息なる製鉄自給を排す」（第五巻第二号。一九一八年二月）などがある。

44　達堂「軍需工業の将来」（『工業雑誌』第四八巻第六二五号、一九一八年四月五日、三五三頁）。

45　同右「工業動員の方法と影響」（同右、第四八巻第六二六号、一九一八年四月二〇日、四〇九頁）。

46　同右。

47　同右、四一一頁。

48　同右。

49　当該期、財界人の戦後経営策について工業動員の観点からの記事も少なくない。例えば、藤山雷太（日本商工会議所会頭）「工業戦ニ対スル日本ノ立場」（『実業之日本』第二一巻第一八号、一九一八年九月）、青柳栄司「工業経済思想」（『工業評論』第四巻第四号、一九一八年四月）、今泉嘉一郎（日本鉄鋼協会会長）「民間製鉄業の欠陥と其振興策」（『財政経済時報』第三巻第五号、一九一六年五月）、同「鋼鉄の独立自給に就て」（『工業雑誌』第五七三号、一九一六年二月一〇日）、善生永助「戦時経済及び戦後経済の研究」（『新公論』第三三巻第八号、一九一八年八月）、藤原銀次郎（王子製糸社長）「戦時工業と保護奨励」（『国産時報』一九一八年五月号）等があった。また、財界人以外にも、蔵川永充（農商務省工務課長）「戦時工業ノ趨勢ヲ論ス」（『商工時報』第五巻第四号、一九一九年四月）、勝田主計（大蔵大臣）「欧

州戦争と我国の財政」（『自由評論』第五巻第一二号、一九一七年一二月）、森戸辰男（東京帝国大学経済学部助教授）「経済国家主義と経済生活」（『経済時論』第一巻第二号、一九一七年二月号）、同「工業動員と世界貿易の将来」（『外報摘要』一九一八年六月号）、佐藤鋼次郎（陸軍中将）「工業動員の話」（『実業界』第一六巻第五号、一九一七年三月）、三宅覚太郎（陸軍少佐）「欧州大戦より得たる吾人の第一教訓」（『大日本』第五巻第八号、一九一八年八月）、某氏（予備役陸軍大佐）「日本に於ける工業動員」（『経済時論』第一巻第三号、一九一七年三月）等がある。

50　村上勝彦「資本蓄積(2)　重工業」（大石嘉一郎編『日本帝国主義史Ⅰ　第一次大戦期』東京大学出版会、一九八五年、二三二頁）参照。

51　これに関連して安藤良雄は、「戦時統制経済の系譜」のなかで、「最初の帝国主義戦争としての第一次世界大戦は、いわゆる総力戦、経済戦として展開しつつあったが、それはまた帝国主義的世界分業の、したがって世界貿易の体系を大規模かつ長期にわたって破壊する結果をもたらした。日本資本主義に対するこの国際的インパクトは、その支配層に対してあらためて、日本帝国主義的自立、すなわち国民経済としての「自給自足」を焦眉として意識せしめた」（安藤良雄編『日本経済政策史論』下巻、一九七六年、一六四頁）と述べ、自給自足論登場の背景を指摘している。

52　「大正六年一一月一九日　産業第二号特別委員ニ於ケル仲小路農商務大臣ノ演説」（通商産業省編『商工政策史』第四巻、一九一七年九月、一五〇頁）。

53　鈴村吉一「工業動員」（『偕行社記事』第五二四号付録、一九一八年三月、四二頁）。

54　鈴村と共に軍需工業動員法制定の立役者であった陸軍省兵器局工政課長吉田豊彦は、「戦時ニ於ケル物資供給ノ能否ハ戦争勝敗ノ決ニ関スルヲ以テ国防ノ見地ヨリセハ軍需物資ハ悉ク自給自足ヲ理想トス」

（吉田「工業動員ト物資トノ関係」（『偕行社記事』第五四一号付録、一九一九年九月、一頁）と述べ、同様の見解を披歴している。

55 佐伯敬一郎「工業独立論」（『工業之大日本』第一五巻第一号、一九一八年一月一日、一〇頁）。

56 海軍省『公文備考』大正六年官職三巻三。

57 善生永助「自給経済と工業独立」（『工業雑誌』第四八巻第六一九号、一九一八年一月五日、五五頁）。

58 同右、五六頁。

59 仲小路廉「戦時中迎へらる新年の感慨」（『東京商業会議所月報』第一一巻第一号、一九一八年一月二五日、一頁）。

60 堀江帰一「軍国主義の経済政策」（『太陽』第二四巻第五号、一九一八年四月、三五頁）。

61 この他にも自給自足論自体を全面的に否定する見解もあった。たとえば、鶴城仁吉は、「自給自足経済論今如何」のなかで、「自給自足経済論を主張するのは、要するに鎖国政策を行はんとするものにして、我が国是たる開国進取の宏謨に反し、此の国是を根底より覆没せしめんとするの議論と認めざるべからざるもの」（『東京経済雑誌』第七六巻第一九二五号、一九一七年九月、六五〇頁）と述べていた。

62 斯波忠三郎「工業の独立と工業教育」（『工業雑誌』第四八巻第六二二号、一九一八年二月二〇日、一九四頁）。

63 鈴木隆史「戦時下の植民地」（『岩波講座　日本歴史　近代8』岩波書店、一九七七年、一二一頁）。

64 鈴木隆史「総力戦体制と植民地支配」（『日本史研究』第一一一号、一九七〇年四月、九一頁）。同様の認識は、三和良一「重化学工業化と経済政策」のなかでも見られる。すなわち、「明治維新以来、官営工業を軸に進められた軍需生産能力の育成方針が、総力戦としての第一世界大戦の経験を通して、裾野の広い潜在的軍需生産能力の育成、つまり、民間化学工業の育成の必要性が認識されたことによって、軌道修正されるに至ったこと、そして、重化学工業の発達が、原材料資源確保の視点から日本資本主義の対外進出衝動を一層強化したことに注目すべきである」（『社会経済史学』第四一巻第六号、一九七六年六月、五二頁）と述べ、大戦を契機とした軍需生産能力育成→原料資源確保の要請→対外進出衝動といった図式を提示している。筆者もこの図式を念頭に置いているが、さらにつけ加えれば、こうした図式が軍部だけでなく財界人の中にも多かったこと、この図式の過程で表面化してきた日本資本主義が内包する構造的脆弱性と内的矛盾の克服の方法として軍事力の発動が行われたこと、ここから国内におけるファシズム化の要因が存在したことを確認しておきたい。また、安藤良雄「戦時統制経済の系譜」は、軍需工業動員論とその具体的処置が「大陸」（中国、特に「満蒙」）における「国防資源」の調査開発と密接に関連して展開したことを指摘している（安藤良雄編『日本経済政策史論〈東京大学産業経済研究叢書〉』下巻、東京大学出版会、一九七六年、一八七頁）。これらと若干異なった視点から、川北昭夫は「資源問題と植民地政策の転回」のなかで、資源問題とは軍事力の問題とみなされる見方は妥当でないとし、「この時期の資源問題は、第一次世界大戦を契機として急発展をとげた重化学工業を維持、発展させようという純粋に経済的な産業政策上の要求にまず根ざしていた」（山崎隆三編『両大戦間期の日本資本主義〈現代資本主義叢書〉』下巻、大月書店、一九七八年、七五頁）と述べている。しかし、以上で見てきた通り、資源問題のもつ軍事的政治的経済的意味の総合的把握こそ重視せねばならない。

65 「支那物資調査ニ関スル件」（陸軍省『密大日記』〈防衛省防衛研究所蔵〉大正四年四冊の内二）。

66 「支那物資調査ニ関スル件照会」（同右）。

67 「支那物資調査継続ニ関スル意見」（同右）。なお、この他にも参謀総長長谷川好道は、一九一五（大正四）年三月三〇日付で陸軍大臣岡市之助宛に「支那土地調査ノ件照会」（同右）を、六月二四日付で「蒙古土地調査ノ件照会」（同右）を送付し、中国・蒙古の土地・資源調査の必要性を説いている。

68　宇垣一成「対支政策に関スル私見」（『宇垣一成文書』国立国会図書館憲政資料室蔵、第六冊）。

69　小磯が国防資源を中国大陸に求め、総力戦体制の物的基盤の整備を意図した経緯については、拙稿「小磯国昭　国家総動員政策の推進者」（冨田信男編『政治に干与した軍人たち』所収、有斐閣、一九八二年）を参照されたい。

70　小磯国昭自叙伝刊行会編『葛山鴻爪』（一九六三年、三二六頁）。

71　本書の構成は、第一章　総論、第二章　平・戦両時ニ於ケル帝国国産原料ノ動態（予説、食料、依料、金属、薬物、燃料其ノ他ノ資源、結語）、第三章　支那国産原料（予説、食料、依料、金属、薬物、燃料其ノ他ノ原料、結語）、第四章　帝国平時経済策（予説、対外経済策、対内経済策、結語）、第五章　平時経済ト戦時経済ノ転換（予説、工業転換、戦時生産増加、戦時消費節減、平時貯蔵法、戦時代用補給法、支那原料ノ搬来、結語）、第六章　総結論、である。尚、「第一章　総論」は、拙著『総力戦体制研究　日本陸軍の国家総動員構想』（三一書房、一九八一年、復刻版、社会評論社、二〇一〇年）に附録資料（旧版の二〇六～二一二頁、復刻版の二一七～二二三頁）に全文を収載。

72　参謀本部『帝国国防資源』（防衛省防衛研究所蔵、五頁）。

73　同右、九頁。

74　同右、一一頁。

75　例えば、その成果には次のようなものがあった。「東部内蒙古旅行報告　大正六年三月　陸軍歩兵大尉小林角太郎」、「東部内蒙古調査地域沿道戸数井戸数表　大正五年度　陸軍歩兵中尉江川淳一」、「東部内

蒙古用兵ニ関スル調査報告　大正五年度　陸軍歩兵中尉江川淳一」、「東部内蒙古施設経営ニ関スル調査報告　大正五年度　陸軍歩兵中尉江川淳一」（陸軍省『密大日記』大正六年四冊の内二）。

77 古田豊彦「工業動員ト物資トノ関係」（『偕行社記事』第五四一号、一九一九年九月、一頁）。

76 原料・資源供給地設定の問題について、山口利昭は「国家総動員研究序説―第一次世界大戦から資源局まで―」のなかで次のように述べている。すなわち、「中国を中心としてシベリアから南洋諸島にまで向けられる関心は、従来の所謂帝国主義的な権益の獲得という視点からの関心とは異質のものである。国家総動員の進展とともにこの新たな視点もまた陸軍を中心に定着していく。満州事変や日中戦争の一つの原因は、このような意味での資源問題であった」（『国家学会雑』第九二巻第三・四合併号、一九七九年四月、一〇八頁）。ここでは、大戦後から一九二〇～三〇年代における日本の中国大陸、南洋方面への軍事力発動の原因が、資源獲得による国家総動員体制準備にあったとする見解を示している。

79 『時事評論』第一三巻第一号、一九一八年一月一日、四七頁。

78 「大正七年三月二三日付寺内、勝田宛西原書翰」（『西原亀三文書』第三三冊、三一四～三一五頁）。尚、財界人でこれとほぼ同趣旨の見解を述べた記事は少なくない。たとえば、善生永助「我原料供給国としての支那」（『大日本』第五巻第八号、一九一八年八月）、尾崎敬義（中日実業会社専務取締役）「自給策と海軍問題」（『中外新論』第二巻第一号、一九一八年一月）、中島久萬吉（日本工業倶楽部専務理事）「工業独立の根本問題」（『実業公論』第四巻第一号、一九一八年一月）、荻原直蔵「鉄鋼自給問題と支那」（『大阪経済雑誌』第二六巻第五号、一九一八年八月）などがある。

81 『西原亀三文書』第三三冊、六頁。

80 谷寿子「寺内内閣と西原借款」（東京都立大学『法学雑誌』第一〇巻第一号、一九六九年一〇月、一一三頁）。

82 西原借款の意図、内容などについては、多くの研究がある。本章との関連で言えば、波多野善夫「西原借款の基本的構想」は、「中国の内政改革と産業開発を指導し、日本と中国を一体化した経済自給圏をうち立てようとした」(『名古屋大学文学部十周年記念論集』一九五九年、四〇九頁)と述べ、経済自給圏の形成が目標であったとしている。西川潤は、「日本対外膨張思想の成立—西原借款の経済思想—」は「平・戦両時における資源供給地としての中国と経済ブロックをつくり、「自給自足圏」形成を目的とした」(正田健一郎編『近代日本の東南アジア観』アジア経済研究所、一九七八年、三九頁)とした。さらに、石井金一郎「西原借款の背景」は、「財界自身が中国の従属化、そのための中国における軍事上の、そして略奪のための特殊な便宜の独占を希望していたことが西原借款の基礎であった」(『史学雑誌』第六五編第一〇号、一九五六年一〇月、五六頁)と指摘している。

83 『東京商工会議所月報』一九一八年三月号、一頁。

84 『各種調査委員会文書〈講演綴〉』国立公文書館蔵、第三六巻、五頁。

85 吉田豊彦「日本の工業家に希望す」(『欧州戦争実記』第九九号、一九一七年五月二五日、六七頁)。

86 鈴村吉一「工業動員」(『偕行社記事』第五二四号附録、一九八一年三月、一八頁)。

87 近藤兵三郎「工業動員平時準備ノ見地ヨリスル官民ノ協同ニ就テ」(同右、第五三七号附録、一九一九年五月、六頁)。この他にも辻村楠造(陸軍主計総監)「工業動員法の運用と軍需産業」は、「挙国一致官民協同を以て、軍需員(ママ)〔品〕の補給を敏速円滑に遂行すると云ふ精神に基いて居る」(『財政経済時報』第五巻第四号、一九一八年四月、三〇頁)と同法制定の意図について記している。

88 武田秀雄「軍需動員に関する所感」(『大日本』第五巻第一一号、一九一八年一一月、一二頁)。

89 井出謙吉「兵器と民間企業」(『時事評論』第一三巻第一号、一九一八年一月一日、九頁)。

90 社団法人大阪工業会編『大阪工業会六十年史』一九七四年、二〇頁。大阪工業会については、内田敏「大阪における近代工業の成立と発展」(大阪市立大学『経済学雑誌』第六〇巻第四号、一九六九年四月)を参照。

91 陰山登「軍需工業動員法案」(『工業之大日本』第一五巻第四号、一九一八年四月一日、二頁)。

92 大河内正敏「兵器民営助長論」(『時事新報』第一一六二九号、一九一六年一月四日付)。

93 内田嘉吉「軍需工業動員法に就いて」(『実業之世界』第一五巻第七号、一九一八年四月一日、一二頁)。

94 戸田海市「軍隊・財政・工業の大動員」(『東京朝日新聞』第一四〇八四号、一九一六年一月一七日付)。

95 斯波忠三郎「工業動員に対する準備」(『工業雑誌』第四九巻第六三五号、一九一八年九月五日、二二九頁。

96 大河内正敏は、軍・財双方が協同して軍需品製造に従事し、これを調整統一機関として双方から独立した工務省設置を提言していた。大河内「工業動員に対する準備─工務省設立の最大急務この他にも大急務─」(『太陽』第二四巻第一号、一〇九頁)を参照。

97 「欧州列国ノ財政経済及社会上ノ現状調査ニ関スル件」(『公文雑纂』〔国立公文書館〕大正五年、帝国議会　第二巻第二四号)を参照。

98 通商産業省編『商工政策史』第四巻、一九六一年、一四一頁。

99 同右、一四四頁。

100 吉田豊彦「軍事上ノ見地ヨリ工業ノ保護奨励ニ就テ」(『各種調査委員会文書　講演綴』第三六巻、国立公文書館蔵、一〇一頁)。

101 臨時軍事調査委員会も同時期、陸軍大臣宛等に「工業動員計画ニ関スル意見」(一九一七年一月一二日)

などの意見書を活発に提出し、工業動員の法制準備を進言していた。拙稿「臨時軍事調査委員会の業務内容」(『政治経済史学』第一七四号、一九八〇年一〇月)を参照されたい。

102 「軍需品管理法制定ニ関スル件」(陸軍省『密大日記』大正七年四冊の内四)。

103 防衛省防衛研究所戦史部編『戦史叢書 陸軍軍需動員令 計画編』一九六七年、五三~五四頁。

104 「閣議諸議案」には、「戦時国家ノ資源ヲ統一的ニ使用シ軍需ノ補給ヲ迅速確実且円満ナラシムル為本法ノ制定ヲ必要ト認ム」(前掲『密大日記』大正七年、徴発の部)とする理由書がつけられていた。

105 第四〇帝国議会衆議院 軍需工業動員法案委員会議録 筆記第一回」(『帝国議会衆議院委員会録 第四〇回議会(四)大正六・七年』一九八二年、三三六頁)。

106 同右。

107 同右、三三九頁。

108 同右、三三九~三四〇頁。

109 『帝国議会衆議院速記録 第四〇回議会 大正六年』一九八一年、五四五~五四六頁。

110 『帝国議会衆議院委員会録』一九八三年、四一三頁。

111 同右、四二〇頁。

112 同右。

113 『帝国議会貴族院委員会議事速記録8 第四〇回議会(三)大正七年』一九八二年、六三八頁。

114 『帝国議会衆議院委員会録17』、四三七~四三九頁。

115 本間重紀は、「戦時経済統制法分析に関する予備作業」のなかで、同法は企業の国家管理を目指したものではあったが、企業内部の経営機構に直接関与するものでなかった、としている(『社会科学研究』

第二二巻第三号、一九七二年二月、一五五〜一五六頁)。

116 本間重紀は、「戦時経済法研究(1)」のなかで、「軍需工業動員法はその立法過程において議会に代表されるブルジョア勢力に対して一定の譲歩がおこなわれたものの、基本的には陸軍を中心とする軍部の主導権の下で成立したものであった」(『社会科学研究』第二五巻第六号、一九七四年三月、三一頁)と述べている。

117 「内閣訓令第一号」(『公文類聚』国立公文書館蔵、第四二編、大正七年、巻二)。

118 「内閣訓令案(鈴村少佐起草案)」(同右)。

119 安川貞三「経済時事評論」(『三田学会雑誌』第一二巻第四号、一九一八年四月、一二四頁)。

120 同右、一〇頁。

121 同右。

122 京都大学経済学会『経済論叢』第七巻第一号、一九一八年七月、三一頁。

123 『工業』第一〇巻第一一一号、一九一八年六月一五日、一頁。

124 『日本経済雑誌』第二三巻第一二号、一九一八年五月、一二三頁。

125 宮島情次郎「工業動員法の価値如何」(『商と工』第六巻第三号、一九一八年三月、三八頁)。

126 本間重紀「戦時経済法の研究(一)国家的独占と経済法」(東京大学社会研究所編刊『社会科学研究』第二五巻第六号、一九七四年三月、三五頁)参照。

127 田代正夫は、「第一次大戦後の日本における産業循環について」のなかで、「(日本の)重化学工業にとってはこの海外からの競争に桔抗しつつ蓄積を拡大できる市場と利潤との確保が常に困難を極めた。そこでこれら生産部門は国家の保護(補助金・奨励金の交付、租税免除、関税保護など)と財政支出(主として軍事費）への依存を深めていかざるを得なかった」（東京大学経済学部『経済学論集』第二六巻第一・二合併号、一九五九年二月、一六三〜一六四頁）と述べ、重化学工業が軍需工業へ接近していった理由を指摘している。

128 小林英夫「総力戦体制と植民地」（『体系日本現代史』第一二巻、日本評論社、一九七九年、五五頁）。

129 斎藤聖二も同法制定において、軍・財双方が明確な認識のもとに「総力戦」体制構築に向け、意志一致していたとしている。斎藤「海軍における第一次大戦研究とその波動」（『歴史学研究』第五八〇号、一九八四年七月、三二頁）。

130 これに関連して池島宏幸は、「日本における企業法の形成と展開」のなかで、「軍需工業動員法制定過程は、いわば重化学工業に比重を移しての産業の再編成という一大転換のそれであって、その後の産業界・財界の利害と政府・軍部の利害の対立から両者の結合連繋の出発点となって、昭和の準備期・戦時体制へと大きく影響し規定する」（高柳信一・藤田勇編『資本主義の形成と展開』東京大学出版会、一九七三年、二二八頁）と述べ、昭和期における軍財の関係性を分析するうえで、同法制定過程の政治史的経済史的意義の重要性を説いている。

第二章　帝国日本の武器生産問題と武器輸出商社

1 坂本雅子は「第一次世界大戦期の対ヨーロッパ資本輸出と武器輸出（上）」（名古屋経済大学社会科学研究会編刊『社会学論集』第五二号、一九九一年一一月号）のなかで、「一九〇一年に三井物産が朝鮮に一万挺の銃と実包一〇〇万発を輸出したのが武器輸出の最初である」と記している（二七〜二八頁）。

2 戦前期日本における武器輸出商社は泰平組合や昭和通商だけに収斂されるのではなく、この二つの商社に大方が包摂されはしたが、三井物産や大倉商事、高田商会、安宅商会、鈴木商店、森岡商店、岸本商店なども広義における武器輸出商社と位置付けられる。これらについては、中川清「明治・大正期における商社の研究」(『白鷗大学論集』第一八巻第二号、一九九四年)等参照。

3 軍事史学会編『軍事史学』(第二二巻第四号〔通巻第八二号〕、錦正社刊、一九八五年九月、収載)。

4 同右、第二三巻第四号〔通巻第八八号〕、一九八七年三月。

5 坂本前掲論文「第一次世界大戦期の対ヨーロッパ資本輸出と武器輸出」(上/第五二号、一九九一年一一月号、下/第五四号、一九九二年五月号、収載)。なお、坂本はこれらの論文を含め、『財閥と帝国主義—三井物産と中国—』(ミネルヴァ書房、二〇〇三年)として単行本化している。

6 因みに、坂本は日本の武器輸出が日清戦争期(一八九四~九五)から開始されたとし、日露戦争以後には相当活発となっていたとしている。具体的には、「一九〇一年には三井物産が、朝鮮に対して一万挺の銃と実弾一〇〇万発を輸出したのが武器輸出の最初である」(同二七~二八頁)としている。

7 坂本前掲論文「第一次世界大戦期の対ヨーロッパ資本輸出と武器輸出(下)」、一七頁。

8 新潟大学東アジア学会編刊『東アジア:歴史と文化』(第一六号、二〇〇七年三月号、収載)。

9 同右、八頁。

10 同右、一五頁

11 中国研究所編刊『中国研究月報』(第五八巻第五号、二〇〇四年五月、収載)。

12 同右、二頁。

13 同右、三頁。

14 同右、七頁。

15 同右、八頁。

16 軍配組合は昭和通商と競合する事業にも参入した強力な組織であるが、最終的には昭和通商の後塵を拝したのは事実であった。軍配組合についての研究は多くないが、ここでは小林英夫『「大東亜共栄圏」と日本企業』（社会評論社、二〇一二年）の「第三章　日本の中国占領地経営と企業　第二節　軍票工作と軍配組合」（八三～九四頁）を挙げておく。なお柴田論文では昭和通商の圧倒的な支配権を強調するが、蒙疆政権への兵器供給で決定的な役割を果たした大蒙公司の役割を無視してはならない。これに関連して、森久男は、「（大蒙公司が）蒙疆政権に対する兵器供給、塩務統制、各種重要物資の流通統制等の他者がまねのできない分野で、なお大きな役割を果たすことができた」（森「関東軍の内蒙工作と大蒙公司の設立」愛知大学現代中国学会編刊『中国21』第三一巻、二〇〇九年五月、六七頁）と指摘している。森の指摘は、特に中国においては昭和通商と拮抗する恰好で大蒙公司をはじめ、幾つかの商社が兵器供給（武器輸出）に動いた可能性を示唆しているが、これも今後の調査課題となろう。

17 本章と直接的に関わる論考ではないが、陸軍造兵廠における武器生産の実態についての最も詳細な研究成果としては、佐藤昌一郎「陸軍造兵廠と再生産機構―軍縮期の陸軍造兵廠機構分析試論―（上・中・下の一－四）」（法政大学経営学会編刊『経営志林』第二六第二号、第二七巻第一号、第二八巻第四号、第二九巻第一・二号、一九八九～一九九二）と山崎志郎「陸軍造兵廠と軍需工業動員」（福島大学経営学会編刊『商学論集』第六二巻第四号、一九九四年三月）などが先駆的研究としても挙げられる。

18 日露戦争当時における日本の軍需生産体制レベルについて、大江志乃夫は「戦争の性格の、変化に対応するためには、日本資本主義の技術的基盤はすこぶるせまいものであった。技術的には精密機械工業に属する火器を中心とする兵器弾薬の生産は、陸軍では東京、大阪の二砲兵工廠、海軍では各海軍工廠造兵部および東京の海軍造兵廠がこれにあたり、民間機械工業はこれまで関与することがなかった。」（大江『日露戦争の軍事史的研究』岩波書店、一九七六年、四〇一頁）と述べている。

19 武器・兵器・装備など多様な名称が混在するなか、本章では個別的な物理装置の意味で原則として「武器」の用語を使用する。また、繰り返す必要もないかもしれないが、本章における「武器移転」とは、「国家やそのほかの国際行為体の領域を越えて、武器や武器技術にかかわる所有権・使用権が移転する諸現象全般」を示し、「武器輸出」は「直接戦闘の用に供する装備品である武器を海外に売却すること」（川田侃・大畠英樹編『国際政治経済辞典』（東京書籍、一九九三年、五五三～五五四頁）を示す用語として用いることにする。本章において特にタイへの武器輸出の実態に触れているが、それは事実上「武器支援」「武器援助」と同義語として扱っている。

20 第一次大戦期における日本の対ロシア武器輸出に関しては、エドワルド・バールイッシュフ「第一次大戦期の「日露兵器同盟」と両国間実業関係――「ブリネル&クズネツオーフ商会」を事例にして――」（島根県立北東アジア地域研究センター編刊『北東アジア研究』第二三号、二〇一二年三月）、同「第一次大戦期における日露軍事協力の背景――三井物産の対露貿易戦略」（同、第二一号、二〇一一年三月）など参照。

21 「欧州列国の財政経済及社会上の現状調査に関する件」（『公文雑纂』（国立公文書館）大正五年、帝国議会二巻二四）を参照。

22 通商産業省編刊『商工政策史』第四巻、一九六一年、一四一頁。

23 同右、一四四頁。

24 国立国会図書館蔵『帝国議会会議録』（「第三七回帝国議会衆議院　第五類第一号　東京砲兵工廠大阪歩兵工廠ノ据置運転資本増加ニ関スル法律案委員会議録　第二回　大正四年一二月二三日、九頁）。

25　芥川論文によれば、大戦中における日本の英仏露三国への武器輸出には、武器売却・武器受託製造・武器無償贈与の三パターンがあり、売却代価一一二四万円、製造費代金合計三九七六万円、武器無償贈与約一〇八万五〇〇〇円相当に達したとしている（芥川哲士「武器輸出の系譜（承前）—第一次大戦期の武器輸出—」（『軍事史学』第二二巻第四号、一九八七年三月、三三頁）。さらに、一九一七（大正六）年一一月から一九一八（大正七）年一一月までの約一年間の対中国向け武器輸出の実態は、合計一七〇〇万円に達していた（芥川哲士「武器輸出の系譜—第一次大戦期の中国向け輸出—」（『軍事史学』第二八巻第二号、一九九二年九月、七一頁）。

26　陸軍大臣大島健一は、一九一八（大正七）年三月四日開催の衆議院決算委員会の場で柏原文太郎議員の質問に、「（対ロシアへの武器輸出額が）一億八千万円許（ばか）リノモノデ、大正三年ノ十二月ノ二十三日ガ始メテト見エマス、ソレカラ四年、此ノ二年間ハ一億五百万円余ニナッテ居リマス、ソレデ五年六年ヲ併セテ先程申上ゲマシタ一億八千九百六十一万円ト云フモノニナリマス」と答弁している（国立国会図書館蔵『帝国議会会議録』（「第四〇回帝国議会衆議院　第二類第一号　決算委員会議録　第六回　大正七年三月四日、四八頁）。

27　同右、四九頁。

28　纐纈は長年、総力戦体制研究に取り組んできたが、その最初は『総力戦体制研究　日本陸軍の国家総動員構想』（三一書房、一九八一年刊）であり、その後社会評論社から二〇一〇年に復刻版、二〇一八年に同社から再復刻版を出版している。また、戦前期日本における総力戦体制構築の政治過程については、明治大学国際武器移転史研究所編刊『国際武器移転史』第六号・二〇一七年九月）に英語論文として"Total War and Japan : Reality and Limitation of the Japanese Total War

System"として発表している。

29　陸軍大臣岡市之助は、第三七回帝国議会衆議院「東京砲兵工廠大阪歩兵工廠ノ据置運転資本増加ニ関スル法律案委員会」で民間の兵器製造を緩和化する方向での陸軍の取り組みについて問われた岡陸軍大臣は、「兵器ノ製造ト云フコトニ付テハ、政府ハ別段禁止ハシテ居リマセヌ（中略）。兵器ノ製造ニ付テハ別ニソレラ等ヲ禁止スル目的ノ法律ハゴザイマセヌ、ソレデゴザイマスカラ、事実ニ於テヤリ得ル人ガアレバヤッタノデアリマセウ、今日マデヾモ又将来ヤルト云フコトニ付テハ、先刻御話シマシタガ、尚爾後ノ事ニ付テハ、実ハ会議ヲシテオリマス」（国立国会図書館蔵『帝国議会会議録』第三七回帝国議会衆議院　第五類第一号　東京砲兵工廠大阪歩兵工廠ノ据置運転資本増加ニ関スル法律案委員会議録　第二回　大正四年一二月二二日、九頁）と述べ、軍需工業の民間委託への準備を陸軍内で進めていることを仄めかしていた。

30　当該期の財界人が積極的に軍財関係の協力を説いた論考は数多く、例えば達堂（ペンネーム）は、「工業動員は我工業家に取りて復(ま)た一種の利益を与ふるものである」（「工業動員の方法と影響」『工業雑誌』第四八巻第六二六号、一九一八年四月二〇日、四一一頁）と記している。その他にも同様の主旨の論考として、富山雷太（日本商工会議所会頭）「工業戦ニ対スル日本ノ立場」（『実業之日本』第二一巻第一八号、一九一八年九月）、今泉嘉一郎（日本鉄鋼協会会長）「民間製鉄業の欠陥と其振興策」（『財政経済時報』第三巻第五号、一九一六年五月）、藤原銀次郎（王子製紙社長）「戦時工業と保護奨励」（『国産時報』一九一八年五月号）などがある。また、財界人以外にも、蔵川永充（農商務省工業課長）「戦時工業ノ趨勢ヲ論ス」（『商工時報』第五巻第四号、一九一九年四月）、勝田主計（大蔵大臣）「欧州戦争と我国の財政」（『自由評論』第五巻第一二号）、森戸辰男（東京帝国大学経済学部助教授）「経済国家主義と経済生活」

（『経済持論』第一巻第二号、一九一七年二月）、三宅覚太郎（陸軍少佐）「欧州大戦より得たる吾人の第一教訓」（『大日本』第五巻第八号、一九一八年八月）などもある。

31 臨時軍事調査委員会については、纐纈「臨時軍事調査委員会の業務内容」（『政治経済史学』第一七四号、一九八〇年二月）を参照されたい。

32 臨時軍事調査委員会『臨時軍事調査委員第二年報』（防衛省防衛研究所蔵）（大正七年一月二〇日、二六七頁）。

33 『各種調査委員会文書〈講演綴〉』国立公文書館蔵、第三六巻、五頁。

34 吉田豊彦「日本の工業家に希望す」（『欧州戦争実記』第九九号、一九一七年五月二五日、六七頁）。

35 鈴村吉一「工業動員」（『偕行社記事』第五二四号附録、一九一八年三月、一八頁）。

36 すでに本書第一章の注36で引用済みだが、近藤兵三郎「工業動員平時準備ノ見地ヨリスル官民ノ協同ニ就テ」（同右、第五三七号附録、一九一九年五月、六頁）。

37 武田秀雄「軍需動員に関する所感」（『大日本』第五巻第一一号、一九一八年一一月、二三頁）。

38 陰山登「軍需工業動員法案」（『工業之大日本』第一五巻第四号、一九一八年四月一日、二頁）。

39 大河内正敏「兵器民営助長論」（『時事新報』第一一六二九号、一九一六年一月四日付）。

40 内田嘉吉「軍需工業動員法に就いて」（『実業之世界』第一五巻第七号、一九一八年四月一日、一二頁）。

41 大河内正敏は、軍・財双方が協同して軍需品製造に従事し、これを調整統一機関として双方から独立した工務省設置を提言していた。大河内「工業動員に対する準備―工務省設立の最大急務この他にも大急務―」（『太陽』第二四巻第一号、一〇九頁）を参照。

42 アジア歴史資料センター（以下、JACAR）：レファレンスコード（Ref）B03030302100 REEL No.1

－0089（外務省史料館蔵「戦前期外務省記録」四九一頁）。なお、最後の頁数は、ＪＡＣＡＲが整理上後付けした数字である。なお、レファレンスコードが最初Ｂで始まるのは外務省資料館蔵、Ｃは防衛省防衛研究所蔵を示している。

43 同右、四九二頁。

44 同右、Ref.C01003813900（防衛省防衛研究所蔵：陸軍省「密大日記」昭和三年第三冊、一四二六頁）。

45 同右、一四二八～一四二九頁。

46 同右、一四三〇頁。

47 同右、一四五二～一四五三頁。

48 泰平組合の役割期待について論じた論考は少なくないが、池田憲隆は「日露戦後における陸軍と兵器生産」において、「兵器売込をめぐる国内商社間の競争を排除し、売込組織を一本化して、ドイツ商社に対抗する体制を官（軍）・民一体となってつくりあげたのが泰平組合ともいえる」（土地制度史学会編刊『土地制度史学』第二九巻第二号〔通巻第一一四号〕、一九八七年一月、四一頁）とし、ドイツ商社との輸出競争への対応策という点を強調している。

49 同右、Ref.B10070038030（外務省外交史料館蔵「外務省調査部作成　武器輸出禁止問題」（調　第二一号／一九三五年、〇一七～〇一八頁）。

50 同右、Ref.C05022716800（海軍省「公文備考」昭和八年、〇一七〇頁）。

51 同右、〇一一〇頁。

52 同右、〇一一一頁。

53 同右、〇一三七頁。

54　同右、Ref.B04010625000（外務省外交史料館蔵『戦前期外務省記録』C門　軍事　9グ類　武器、弾薬、航空機、需品、満洲事変ニ際シ各国武器輸出取締関係一件、頁なし）

55　同右、〇三六八頁。

56　同右、〇三六九〜〇三七二頁。

57　同右、Ref.C01007723900（陸軍省「陸機密大日記」昭和一四年　第二冊、〇六四一頁）。

58　同右、〇六四九頁。

59　同右、〇六五〇〜〇六五五頁。

60　同右、Ref.C05034160500（海軍省「公文備考」昭和一〇年六月六日、〇一〇〇頁）。

61　同右、Ref.C01002443600（陸軍省「陸軍省大日記」乙輯第二類　昭和一五年　兵器其三、一〇六六頁）。

62　同右、Ref.C01000204000（陸軍省航空本部第二部「陸亞密大日記」第一二号、昭和一七年、〇七四〇頁）。

63　同右、Ref.C01004903700（陸軍省「密大日記」昭和一五年第一五冊、昭和一五年一〇月、二〇〇一〜二〇〇一頁）。

64　プレーク・ピブーン・ソンクラーム（Luang Pibulsonggram、一八九七年七月一四日〜一九六四年六月一一日）は、タイの政治家である。首相を二度務めた。立憲革命時代から第二次世界大戦を跨いで、タイの政治に大きな影響力を持ち続け、「永年宰相」と綽名された。

65　JACAR：Ref.C01004903700（陸軍省「密大日記」昭和一五年第一五冊、昭和一五年一〇月、二〇〇三〜二〇〇四頁）。

66　同右、Ref.C04122944100 p.〇六七〇〜〇六七二（陸軍省「陸支密大日記」第一八号　昭和一六年一月二一日、〇六七〇〜〇六七二頁）。

67　戦前期タイに向けた日本商社の活動全般については、川辺純子「戦前タイにおける日本商社の活動―三井物産バンコク支店の事例―」（『城西大学経営紀要』第四号、二〇〇八年三月）を参照。

68　JACAR：Ref.C01004879200（陸軍省「密大日記」昭和一五年二月、〇二八九頁）。

69　同右、Ref.C01004878900（陸軍省「密大日記」第一五冊、昭和一五年一月～二月、〇二七五頁）。

70　戦前期日本の武器輸出について纐纈は「戦前日本の武器輸出　軍部の思惑と専門商社」（『世界』二〇一八年八月号）を発表している。

71　藤原彰『軍事史』東洋経済新報、一九六一年、二七二頁。

第三章　第一次世界大戦後期日本の対ロシア武器輸出の実態と特質

1　「戦役間日本ヨリ露国及他ノ連合国へ供給シタル軍需品概数表」（防衛省防衛研究所『陸軍省大日記』（アジア歴史資料センター、以下JACAR、レファレンスコード、以下 Ref.C03025231700、画像頁〇二八七）に依れば、ロシアへの武器輸出は各種小銃八二万一九〇〇挺等兵器総額一億八〇九八万七九一四円、絨類等被服総額一九四七万八四二八円、その他正材料や医材料等を含め、総額で二億七四万二八九四円と二億円を超えていた。それと比較して対イギリスでは、各種小銃一一万一〇〇〇挺等総額で五五六万一〇六五円、対フランスでは各種小銃五万挺等総額で三三九万九八八一円とある。輸出価格でロシアはイギリスの約三六倍、フランスの約五九倍と圧倒的な格差があった。

2　纐纈は本書の第二章で、一九三〇年代から四〇年代における武器輸出とその担い手を分析したが、本章も時代を遡及しつつ、一連の武器輸出史研究の一環である。さらに「第一次世界大戦前後期日本の対中国武器輸出の実態と特質」（本書第四章）に続く論文として、特に一九四〇年以降における世界的な課題となった武器輸出禁止問題について執筆予定である。

3 芥川（一九八七）は同論文において、日本の武器生産能力を凌駕するロシアの武器注文への対応に苦慮する日本側の実情を克明に追っている。また日本の武器輸出政策自体への懐疑の念を抱くロシアを含めた関係諸国への対応方や、武器生産能力の限界性を露呈しつつあった日本の武器生産現場の実態に言及している。

4 バールィシェフには、（二〇〇五）や（二〇一二）などがある。

5 大山梓編（一九六六）『山県有朋意見書』三四七頁。

6 同上。

7 山本四郎編（一九七九）二五六頁。なお、第一次世界大戦期の日露同盟論をめぐる日本の外交については、渡邉公太（二〇一一）が参考となる。

8 伊藤隆編（一九八一）七七頁。

9 同右、八一頁。

10 同右、八五頁。

11 同右、八七頁・

12 なお、当初のロシア側の要求は以下の通りあった。「甲、直に交付を受け度き弾薬　一、三十式小銃弾薬四千五百万発　爾後毎月同数　二、三八式小銃四十万発及び一銃に付弾薬三百発宛（一億二千万発）　爾後毎月一銃に付き百発宛　乙、目下直に授受を要せざる弾薬　一、機関銃　五千挺　各銃弾五万発付（二億五千万発）　二、十五珊火農　三十六中隊分　各砲弾五百発附属　三、二十乃二十四珊火農　七十二中隊分　各砲弾五百発附属　四、十一乃十五珊砲　四十八門　各砲弾五百発附属　五、有坂式野砲五百乃至五百五十門　各砲弾千発附属　六、新式野砲　百二十門　弾薬共　七、バルブドワイヤー鉄線七乃至八千吉米　短期間に売買度」（同上、「八　露国太公と応答　大正五年一月の項」、八七〜八八頁）。

13 「日英仏露同盟問題ニ関スル七月二十四日付ノ在本邦英国大使館覚書ニ対スル回答案ノ件」（外務省編『日本外交文書　大正四年第三冊上巻（大正期第九冊ノ一）』外務省、一九六八年、一五頁）。

14 「八三四　一月十四日　加藤外務大臣在本邦露国大使会談　本邦露国大使ヨリ小銃融通ニ関スル覚書提出ノ件」（外務省編『日本外交文書　大正四年第三冊下巻（大正期第九冊ノ二）』外務省、一九六九年、九九二頁）。

15 「露国政府本邦ヨリ小銃入手方希望ニ関スル件」（同上、九九三頁）。

16 「日本ヨリ小銃供給方希望申出ノ件」（同上、一〇〇〇頁）。

17 同右、一〇〇一頁。

18 「露国政府ノ要望ニ応シ軍器供給シ可然旨進言ノ件」（同上、一〇〇二頁）。

19 「露国戦況ノ不利ニ鑑ミ露国へ一層ノ援助配慮方稟請ノ件」（同上、一〇〇三頁）。

20 「露国ニ対シ出来得ル限リノ武器援助アリタキ旨意見具申ノ件」（同上、一〇一六頁）。

21 バールィシェフ・エドワルド（二〇一三、本書二八六頁参照）には、第一次世界大戦開始年の一九一四年九月一〇日、五名のロシア軍事専門家の使節団が東京入りし、同月末には日本政府から小銃二三万五四〇〇挺、大砲七六門、ロシア式三インチ砲弾五〇万個の引き渡しに関する約束が得られたと記している（同論文、二六頁）。日本側の史料からは未確認である。

22 なお、表に示された数値については、以後紹介する数値と同様に実際に輸出された数値（実数）とまでは判断できず、輸出予定、契約数など多義にわたる数値であって最終的に確定され、輸出された数値とは断定できない。また、各史料間には重複も存在する。公文書として記録された史料として実数に近い概数と捉えておきたい。

23 藤原彰『軍事史』東洋経済新報社、一九六一年、二七一頁、参照。なお、バールィシェフ・エドワルド（二〇一三、本書二八六頁参照）には、ロシア連邦国立公文書館（GARF）所蔵の「E.K.ゲルモニウス中将メモ帳」や日本の外交文書等調査した結果として、一九一四年一〇月から一九一五年二月における三井物産及び泰平組合がロシア陸軍省砲兵本部と締結した契約総額が泰平組合分二六六〇万九九五八円、三井物産分八六五万二三八〇円、合計三五二六万二三三八円に達したとしている（二九頁）。

24 「露国ニ対スル同情ノ宣明」（外務省『日本外交文書　大正四年第三冊下巻（大正期第九冊ノ二）』外務省、一九六九年、一〇四六頁）。

25 通商産業省編（一九六一、本書二八五頁参照）一四一頁。

26 同右、一四四頁。

27 第一次世界大戦を契機とする戦争形態の総力戦化は、武器の開発・製造・備蓄に拍車をかけ、同時に輸出入の増大を結果した。それは軍事に限定されず、政治・経済・思想等の諸領域において変革の時代を招来することになった。

28 第一次世界大戦前後期における日本の兵器生産をめぐる動向については、本書の第一章を参照されたい。

29 「自大大正三年至同一一年　各国軍に軍器供給に関する綴　陸軍省」（防衛省防衛研究所『陸軍省大日記　日独戦役』（JACAR、Ref.C08040176300、画像頁〇五九一）。

30 「上奏案」で示された対露兵器品種と数量は以下の通りである。三〇年式歩兵銃：八万五〇〇〇挺、三〇年式騎銃：一万五〇〇〇挺、三〇年式銃実包：二五〇〇万発、三八式歩兵銃：一〇万挺、三八式銃

実包：三〇〇〇万発、三八式銃実包部品：二〇〇〇万発、砲車：二二八両、三一式速射野砲：弾薬車五四〇両、予備品材料五七組、榴弾三二万七〇〇〇発、榴霰弾三二万七〇〇〇発、薬筒三三万一二〇〇個、三吋野砲弾丸：三〇万発。さらに、「露国政府へ譲渡シタル兵器ノ品種数量表」には、一九一五年一〇月、一二月、一九一六年三月に分けて引渡し予定の兵器には以下のものが挙げられていた。三八式歩兵銃：一五万挺、三八式銃実包：八四〇〇万発、三八式銃実包部品：一〇〇〇万発、三〇年式歩兵銃：四万挺、三〇年式騎銃：一万発、三〇年式銃実包：一四一万一〇〇〇発、三吋野砲榴霰弾丸：一二〇万発、三吋野砲複働信管：三万五〇〇〇個、三一年式速射野砲：砲車：一四〇両、弾薬車：一八両、予備品車：四〇両、榴弾：八万四五〇〇発、榴霰弾：一一三万九〇〇〇発、薬筒：四八万個。また、一九一五年一一月までに払下総額で約五一九六万円に及ぶ引渡予定の兵器は以下の通りであった。手榴弾：三万個、二十八珊榴弾砲：一五門、同堅鐵弾：四五〇〇発、二十四珊加農砲：四門、同堅鐵弾：一三〇〇発、同榴弾：一三〇〇発、二十四珊臼砲堅鐵弾：二五〇〇発、鋼製十五珊臼砲：一二門、同鑄鐵破甲榴弾：一万二〇〇〇発、同榴霰弾：三〇〇〇発、二十珊榴弾砲堅鐵破甲榴弾：一六〇〇発、鋼製九珊臼砲：一二門、同鑄鐵破甲榴弾：六〇〇〇発、同榴霰弾：六〇〇〇発、十五珊榴弾砲鑄鐵破甲榴弾：一六〇〇発、同榴霰弾：三五〇〇発、同地雷弾：一万発、十二珊榴弾砲鑄鐵破甲榴弾：六〇〇〇発、同榴霰弾：三〇〇〇発、十珊加農鑄鐵破甲榴弾：一万二〇〇〇発。

31　「第二〇号　兵器局　連合軍に本邦兵器譲渡に関する件」（防衛省防衛研究所蔵『陸軍省大日記　自大正三年至同一一年　各国軍に軍器供給に関する綴　陸軍省』（「連合軍ニ本邦兵器譲与ニ関スル件　陸軍省受領　欧受第二七一一号　大正四年一一月二三日提出」、JACAR：Ref.C08040175200、画像頁〇二八一～〇二八二）。

32　同右（JACAR：Ref.C08040175200）、画像頁〇二八四～〇二八五。

33　同右（JACAR：Ref.C08040175200）、「極秘　英国譲渡主要兵器ノ員数及払下価格表　大正四年十二月調」、画像頁〇二八九。

34　同右（JACAR：Ref.C08040175200）、画像頁〇二九一～〇二九六。

35　外務省編『日本外交文書』（大正四年第三冊下巻、外務省、一九六九年、一〇二七頁）。外務省編『日本外交文書』（大正四年第三冊下巻　大正期第九冊ノ二、外務省、一九六九年、一〇二七頁）。

36　「第二五号　軍務局　露国へ兵器供給に関する件」防衛研究所『陸軍省大日記　日独戦役　自大正三年至同一一年　各国軍に軍器供給に関する綴　陸軍省』（JACAR：Ref.C08040175900、「露国へ兵器供給ニ関スル件」画像頁〇四七四）。

37　「露国政府に対する分(1)」前掲『海軍省公文備考　⑪戦役等』（JACAR：Ref.C10128293300、画像頁〇〇二二）。

38　同右、画像頁〇四七七。

39　日本はロシアとの間に第一回日露協約（一九〇七年七月三〇日）、第二回日露協約（一九一〇年七月四日）、第三回日露協約（一九一二年七月八日）、第四回日露協約（一九一六年七月三日）が締結され、さらに一九一五年二月二一日には、山縣有朋を中心に日露同盟締結を求める建議書が大隈重信内閣に提出されている。

40　なお、本章では直接触れないが、日露関係の急速な接近とその実態については、日本では三井物産を中心とする泰平組合、ロシア側はブリネル&クズネツォーフ商会などが兵器譲渡に関わったとする。その兵器輸出の実態から「日露兵器同盟」の様相を呈していたとする見解を占める先行研究もある

41 その代表事例として、エドワルド・バールィシェフの「第一次世界大戦期における日露軍事協力の背景—三井物産の対露貿易戦略」（島根県立大学北東アジア地域研究センター編『北東アジア研究』第二一号、二〇一一年三月）、同「第一次世界大戦期の『日露兵器同盟』と両国間の実業関係—『ブリネル&クズネツォーフ商会』を事例にして—」（同二三号、二〇一二年三月）、「第一次世界大戦期における日露接近の背景—文明論を中心にして—」（北海道大学スラヴ研究所編『スラヴ研究』第五二号、二〇〇五年）がある。

42 「第三一号　兵器譲渡の件」防衛省防衛研究所『陸軍省大日記　自大正三年至同一一年　各国軍に軍器供給に関する件　陸軍省』（JACAR：Ref.C08040176500、画像頁〇六六五）。

43 日本海軍による対ロシア武器輸出については、前掲『日本外交文書』大正六年第三冊（一一六頁）に記載され、芥川哲士「武器輸出の系譜（承前）」（前掲、三三〜三四頁）によって紹介されているが、本章では主に「海軍省　公文備考」など公文書から引用する。

44 「露国政府に対する分(2)」（防衛省防衛研究所『海軍省　公文備考　⑪戦役等』JACAR:Ref.C10128293400、画像頁〇〇七三〜〇〇七四）。

45 同右、画像頁〇〇八〇〜〇〇八一。

46 「露国政府に対する分（2）大正三年〜九年　大正戦役　戦時書類　巻一〇九　兵器譲渡四止」（前掲『海軍省 公文備考』JACAR：Ref.C10128293400、画像頁〇〇五五）。

47 同右、画像頁〇〇八五。

48 同右、画像頁〇〇八六。

49 同右、画像頁〇〇八七。

50　同右、画像頁〇〇九一。
51　同右、画像頁〇〇九五～〇〇九六。
52　同右、画像頁〇一〇一。
53　日本海軍は小銃に限定されず、輸出兵器の種類は陸軍同様に多種多様であった。それらの内容を「露国政府ニ対スル分　参照大正五年機密兵器八　巻十四」「(露国政府に対する分(1)」(前掲『海軍省公文備考⑪戦役等』(JACAR：「露国政府ニ対スル分　参照大正五年機密兵器八　巻十四」、Ref.C10128293300、画像頁〇〇〇六～〇〇一四)から書き出すと以下の通りである。( )内の年月は売却期日である。
一八吋魚形水雷三〇個(大正三年八月)、小銃弾丸四〇〇万発(大正四年四月)、四・七吋安式速射砲一六門(大正四年五月)、四・七吋砲用榴霰弾三二〇〇個、同砲用薬莢三〇〇〇個、同火管四〇〇〇個(以上、大正四年七月)、小銃三七〇〇〇丁、同実包一〇〇〇万発、一〇五粍加農砲一二〇門(大正四年一〇月)、三吋榴霰弾四八〇〇個、四・七吋砲一〇門、同弾薬薬莢一五〇〇発、三吋砲五〇門、同一〇〇〇〇発、六听砲一〇門、三听砲一〇門、二听火砲一〇門、一二吋弾丸二五〇〇〇個、三吋薬莢一〇〇万個、四吋七砲六〇門、四吋二砲三〇門(大正五年七月)、三吋大仰角砲二〇門、同弾丸一万発(大正五年七月)、四吋弾丸二万個(大正五年一一月)、安式四・七吋砲六門(大正五年一一月)、四・七吋砲六〇門(大正五年一二月、同弾丸四万発、同薬莢四万個、同火管四万個、一八吋魚形水雷三〇個(大正三年八月)。
54　「露国政府に対する分(1)」(前掲『海軍省公文備考　⑪戦役等』JACAR：Ref.C10128293300、画像頁〇〇二二)。
55　同右、画像頁〇〇四〇。
56　「露国政府に対する分(7)」(同上『海軍省公文備考　⑪戦役等』JACAR：Ref.C10128293900、画像頁〇三〇四〜〇三〇五)。

57 「露国政府ニ対スル分(8)」(同上『海軍省公文備考 ⑪戦役等』JACAR:Ref.C10128294400、画像頁〇三九五)。

58 「露国政府に対する分(9)」(同上『海軍省公文備考 ⑪戦役等』JACAR:Ref.C10128294100、画像頁〇四〇九)。

59 殆ど唯一の先行研究として、エドワルド・バールィシェフ(二〇一九、本書二八六頁参照)がある。

60 「『カルムイコフ』支隊に兵器弾薬支給の件」(防衛省防衛研究所『陸軍省西受台日記 大正九年五月』JACAR:Ref.C03010226300、画像頁二二三七)。

61 同右、画像頁二二四〇〜二二四一。

62 「兵器供給に関する件 西受第三〇七一号 浦塩派遣軍 兵器供給ニ関スル件」(前掲『陸軍省大日記 自大正三年至一一月 各国軍に軍器供給に関する綴 陸軍省』、JACAR:Ref.C07060874600、画像頁〇一四一〜〇一四二)。

63 「第四一号 露国大使館『オムスク』政府へ兵器供給に関する件」(前掲『陸軍省 西受大日記 大正九年五月』、JACAR:Ref.C08040177500、画像頁〇八八八〜〇八八九)。

64 「元オムスク政府譲渡契約軍需品損害額調書」(同上、画像頁〇八三九)。

65 参謀本部編『秘大正七年及至十一年 西拍利出兵史(中巻)』新時代社、一九四一年、一〇七六頁)

66 「第二九号 与国へ兵器譲渡ニ関スル件」(JACAR:Ref.C08040176300 画像頁〇五九五)。さらに、別頁には軽迫撃砲(一二門)、同弾薬三〇〇〇発、三八式銃実包部品四〇〇万発などの記載がある(画像頁〇五九九)

67 「第四四号　チェック軍に兵器供給に関する件（1）」（防衛省防衛研究所『陸軍省大日記　日独戦役』JACAR：Ref.C08040177800、画像頁一〇二四）。

68 「第四四号　チェック軍に兵器供給に関する件（2）」（防衛省防衛研究所『陸軍省大日記　日独戦役』JACAR：Ref.C08040177900、画像頁一〇八五）。

69 同右（JACAR：Ref.C08040177900）、画像頁一〇六二）。なお、この供与については数多くの文書史料で確認されるが、その一つとして「チェック、スロバック軍司令官ジアナン将軍ニ兵器交付ノ件」（JACAR：同）があり、そこには「今般チェックスロバック軍司令官ジアナン将軍ノ要求ニ基キ小銃二万五千挺実包二千五百万発ヲ同将軍ニ交付ス」（画像頁一〇六八）とある。

70 同右（JACAR：Ref.C08040177900、画像頁一〇五六）。

71 同右（JACAR：Ref.C08040177900、画像頁一〇六一）。

72 前掲「第四四号　チェック軍に兵器供給に関する件（1）」（JACAR：Ref.C08040177800、画像頁一〇四〇）。

73 同右（JACAR：Ref.C08040177800、画像頁一〇三五）。

74 同右（JACAR：Ref.C08040177800、画像頁一〇三七）。

75 「第四四号　チェック軍に兵器供給に関する件（4）」（前掲『陸軍省大日記　日独戦役』JACAR：Ref.C08040178100、画像頁一二一五～一二一七）。

76 「第四四号　チェック軍に兵器供給に関する件（1）」（前掲『陸軍省大日記　日独戦役』「西受第一六二八号　払下兵器猟銃証送付ノ件」、JACAR：Ref.C08040177800、画像頁一〇一一～一〇一二）。

77 「第四五号　仏国大使館付武官　在西比利仏国派遣に兵器払下の件」（防衛省防衛研究所『陸軍省大日記

日独戦役』「西受第一八五六号　仏大使館付武官　在西比利仏国派遣軍ニ兵器払下ノ件」JACAR：Ref.C08040178200、画像頁一二三一～一二三八）。

78　「第五五号　兵器局　元オムスク政府へ兵器供給に関する件（2）」（前掲『陸軍省大日記　日独戦役』「西受第二五三五号　仏国大使館　在西比利仏国派遣軍ニ兵器払下ノ件」、JACAR：Ref.C08040179300、画像頁一二四六）。

79　「第四四号　チェック軍に兵器供給に関する件（3）」（前掲『陸軍省大日記　日独戦役』「チェック軍ニ兵器弾薬交付ノ件報告」、JACAR：Ref.C08040178000 画像頁一一一四～一一一五）。

80　「在西比利伊国軍隊兵器供給に関する件」（前掲『陸軍省大日記』「西受第一四五号　外務省　在西比利伊国軍隊兵器供給ニ関スル件」、JACAR：Ref.C07090963500、画像頁〇四七六～〇四七七）。

81　同右（JACAR：Ref.C07090963500、画像頁〇四七一）。

82　ロシア史研究者である吉村道男（一九九一）は、「第四章　第一次大戦中における日露関係」のなかで日本の対ロシア武器輸出の実態を詳細に触れながら、「対露輸出のうち最も重要なものは、ロシア側の切望した軍需品であり、それはこの期間における外交交渉の切り札として、しばしば利用された。」（一九九頁）と結論づけている。因みに、対露輸出額は、一九一四年：二二八万九四九円、一九一五年：八九五三万八四〇二円、一九一六年：一億五一一万四五七五円、一九一七年：八七七四万八六九二円となっており、一九一六年は一億五〇〇〇万円を超えて日本の輸出相手国で第三位にまでなった（吉村一九九一、二〇〇頁参照）。

第四章　第一次世界大戦期日本の対中国武器輸出の展開と構造

1　第一次世界大戦期以前における対中国武器輸出に関しては、芥川哲士（一九八五）、同（一九八六）等がある。また、芥川哲士は（一九九二、本書二八七頁参照）で、「〔二一カ条〕条約及び交換公文から兵器同盟に関する規定を削除せざるを得なかった。兵器同盟を実現しようとした最初の試みは、中国側の反対もあって脆くも失敗した。」（同、六三頁）と述べている。尚、「対華二十一カ条」と日本の陸軍兵器同盟政策の関連を考察した論文には、横山久幸（二〇〇二、本書二八七頁参照）、長岡新次郎（一九六〇、本書二八六頁参照）等がある。本章は横山論文に多くを学んでいる。

2　一九一六年から一九二五年までの期間、中国の各省に設置された軍事長官。大総統及び中央政府陸軍部に直属し、軍事長官のなかには民政長官を兼任し、軍事長官のなかには中央政府の統制から離れて、逆に中央政府を脅かす者もいた。

3　「二一三　泰平代理店北京大倉洋行ト大清国陸軍部間ノ兵器買込契約」（外務省編『日本外交文書　第四四・四五巻別冊、清国事変（辛亥革命）』外務省、一九六一年、一三八〜一三九頁）。尚当該期の対清国政府への武器輸出で際立っているのは、三〇年式小銃の実包一五〇〇万発、三一年式野（山）砲弾一二万発であったとされる（芥川哲士「武器輸出の系譜（承前）」『軍事史学』第二一巻第四号、一九八六年、三一頁）。

4　「大正三年十一月一日〜十一月九日(1)」（外務省資料館蔵『戦前期外務省記録　第一次世界大戦関係』、JACRA：Ref.B13080691700、画像頁〇〇〇九）。

5　「八　中華民国兵器同盟策」（外務省資料館蔵『戦前期外務省記録　日独戦争ノ際ニ於ケル帝国臣民ノ対支政策其他ノ意見書雑纂　第一巻　大正三年二月』、JACRA：Ref.B03030281700、画像頁〇〇〇六二）。

6　「八　中華民国兵器同盟策」（外務省資料館蔵『戦前期外務省記録　日独戦争ノ際ニ於ケル帝国臣民ノ対支政策其他ノ意見書雑纂　第一巻　大正三年二月』、JACRA：Ref.B03030281700、画像頁〇〇〇六六）。

7　「八　中華民国兵器同盟策」（外務省資料館蔵『戦前期外務省記録　日独戦争ノ際ニ於ケル帝国臣民ノ対支政策其他ノ意見書雑纂　第一巻　大正三年二月』、JACRA：Ref.B03030281700、画像頁〇二六五〜〇二七五）。

8　同条は、「山東省に関する条約」、「南満州及東部内蒙古に関する条約」及びその他一三の交換文書から成る。

9　加藤外相は就任以前から一貫して陸軍の外交への介入に批判的であったが、実際には、「加藤外相は、小池局長（小池張造政務局長）が軍部や支関係者が持ち出すあらゆる要望を編纂した要求を、北京において、我が公使をして、支那政府に提出せしめた。」（重光葵『昭和の動乱』上巻、中央公論社、一九五二年、二五頁）の証言があるように軍の意向を汲まざるを得なかった。

10　因みに本章では触れることができなかったが、当該期における中国側も兵器国産化に奔走していた。これについて最も有力な研究成果として田嶋信雄「中国武器市場をめぐる日独関係」（熊野直樹・田嶋信雄・工藤章編『ドイツ＝東アジア関係史　一八九〇－一九四五―財・人間・情報』九州大学出版会、二〇二一年刊、収載）がある。そこで田嶋は中国側の文献史料を紹介しつつ、「中国の武器工場で製造された武器の質は低く、さらにこうした武器は完成品を輸入するよりも高価であったといわれている。そのため中国では、外国からの武器の輸入に多くを頼らざるを得なかった。」（同書、三二頁）と指摘している。隣国という地理的優位性に加え、田嶋論文が指摘するように性能と価格の問題からも日本の武器が競争優位の地位を占めることになったと判断できよう。尚、武器輸出が競争的優位当該期において最も有力な兵器工場であった漢陽兵工廠を中心に生産された八八式小銃は、ドイツのモーゼルから器の位置にあった。

11　外務省編『日本外交文書　大正三年第二冊』（外務省、一九六五年、九二一頁）。なお、横山は町田の意見書を紹介し、「町田が考える兵器同盟とは、軍事産業の提携を通じて日中間の兵器生産の経済性を高めると同時に、兵器制式の統一によって相互運用性を確保しようとするものであったことがわかる。」（横山二〇〇二、本書二八七頁参照）、二二頁）と述べている。同時に当該期にける武器輸出の特徴として、膨大な武器供与に十分対応できなかったことから旧式兵器及び在庫兵器を輸出に回す苦肉の策が頻繁に採用されることにもなったことがある。但し、その旨の交渉記録は存在するものの、正確な字数や実態に関する史料は武器と言う性格もあってか現時点では明らかでない。

12　「江蘇省行兵器払下に関する件」（防衛省防衛研究所蔵『陸軍省大日記　大正六年 支那国へ供給兵器に関する綴　密受四六一号 大正七年一〇月三〇日　陸軍省兵器局銃砲課』、JACRA：Ref.C10073202200、画像頁〇四九七〜〇四九九）。

13　「支那行兵器関する件」（防衛省防衛研究所蔵『陸軍省大日記　大正六年　支那国へ供給兵器に関する綴　密受第四六一号　其他』、JACRA：Ref.C10073200700、画像頁 〇二五九）。

14　「江蘇省行兵器払下に関する件」（防衛省防衛研究所蔵『陸軍省大日記　大正六年　支那国へ供給兵器に関する綴　密受第四六一号　其他』、JACRA：Ref.C10073202200、画像頁〇四九七）。

15　「江蘇省行兵器払下に関する件」（防衛省防衛研究所蔵『陸軍省大日記　大正六年　支那国へ供給兵器に関する綴　密受第四六一号　其他』、JACRA：Ref.C10073202200、画像頁〇四九九）。

16　「江蘇省行兵器払下に関する件」（防衛省防衛研究所蔵『陸軍省大日記　大正六年　支那国へ供給兵器に関

する綴　密受第四六一号　其他』、JACRA：Ref.C10073200、画像頁〇五〇三）。

17　外務省編『日本外交文書　大正六年第二冊』（外務省、一九六五年、四八三頁）。

18　外務省編『日本外交文書　大正六年第二冊』（外務省、一九六五年、四八八頁）。

19　それを示す文面は以下の通りである。「支那ニ於ケル何レノ政治系統又ハ党派ニ対シテモ不偏公平ノ態度ヲ持シ一切其ノ内政上ノ紛争ニ干渉セサルコト」（外務省編『日本外交文書　大正六年第二冊』外務省、一九六五年、三頁）

20　西原借款は総額一億七二〇八一万五〇〇〇円の巨大な額に上っていたが、このうち兵器代として三二〇八万一五〇〇〇円（債権者：泰平組合、利率：七分、無担保）が計上されていた（鈴木武雄監修〔一九七二、本書二八六頁参照〕、二七〇頁、参照）。

21　「二六八　日中軍事共同ニ関スル段祺瑞ノ意見報告ノ件」（外務省編『日本外交文書』大正七年第二冊・上巻、二六九頁）。

22　この間の経緯については、菅野正（一九八六、本書二八七頁参照）二三～三七頁が詳しい。

23　日中軍事協定に関する研究は数多存在するが、比較的早い時期の先行研究として、小松和生は（一九八五、本書二八七頁参照）で「対ソ危機と対ソ干渉＝反革命の強行を通じて中国の軍事的前進基地化を自己目的化したのが日『華』軍事協定のねらいであった。」（六九頁）としている。協定自体の位置づけで小松の論稿を補完するものとして、柴田佳祐は（二〇二〇、本書二八八頁参照）で、「中国を対ソ作戦の軍事的前進基地として中国側の協力義務を規定し、中国内の駐兵権と自由な軍事的使用・行動権を規定したものであり、それは単に対ソ戦略のための手段にとどまらず、中国の軍事的警察的支配それ自体をも目的とした内容であった」（一四八頁）と分析している。なお、柴田にはほぼ同様の観点から論じた（二〇二〇、同右）がある。軍事協定の成立から廃棄をめぐる政治過程について論究した論文には、菅野正（一九八五）等がある。但し、以上の先行研究において対中国武器輸出の実態分析については充分論じられていない。

24 当該期日本の対ロシア武器輸出の実態については、綛纈厚（本書第三章）を参照されたい。

25 「支那器供給に関する件」（防衛省防衛研究所蔵『陸軍密大日記　支那国へ供給兵器に関する綴　密受第四六一号　其他』、JACAR：Ref.C10073198900、画像頁〇〇七二）。

26 「支那器供給に関する件」（防衛省防衛研究所蔵『陸軍密大日記　支那国へ供給兵器に関する綴　密受第四六一号　其他』、JACAR：Ref.C10073198900、画像頁〇〇七三）。

27 「支那器供給に関する件」（防衛省防衛研究所蔵『陸軍密大日記　支那国へ供給兵器に関する綴　密受第四六一号　其他』、JACAR：Ref.C10073198900、画像頁　〇〇七四～〇〇七五）。

28 「支那行兵器供給に関する件」（防衛省防衛研究所蔵『陸軍省大日記　大正六年　支那国へ供給兵器に関する綴　密受第四六一号　其他　兵器局銃砲課』、JACAR：Ref.C10073199100、画像頁〇〇九一－〇〇九三）。

29 ここで言う督軍とは、一九一六年七月から二五年にかけて設置された省の軍務を担う軍政長官のこと。大総統および陸軍部の命令下に、配下軍隊を指揮する権限を保有した。

30 「支那中央政府ヨリ要求兵器ノ追加トシテ指定督軍ニ兵器供給ノ件　大正七年一月二十九日　内閣書記官」（防衛省防衛研究所蔵『公文別録　陸軍省　第一巻』、JACAR：Ref.A03023080100、画像頁無し）。

31 「支那行兵器ニ関スル件　密第四六一号　其四四　兵器局銃砲課　大正七年四月十一日」（防衛省防衛研究所蔵『陸軍省大日記　大正六年　支那国へ供給兵器に関する綴　密受第四六一号　其他』、JACAR：Ref.C10073200500、画像頁〇二一七）。

32 「支那行兵器ニ関スル件　密第四六一号　其四四　兵器局銃砲課　大正七年四月十一日」（防衛省防衛研究所蔵『陸軍省大日記　大正六年　支那国へ供給兵器に関する綴　密受第四六一号　其他』、JACAR：Ref. C10073200500、画像頁〇二二〇〜〇二二二）。

33 「支那行兵器ニ関スル件　密第四六一号　其四四　兵器局銃砲課　大正七年四月十一日」（防衛省防衛研究所蔵『陸軍省大日記　大正六年　支那国へ供給兵器に関する綴　密受第四六一号　其他』、JACAR：Ref. C10073200500、画像頁〇二二七）。

34 「密第四六一号　其四五、四六　五月二日　第五号」（防衛省防衛研究所『陸軍省大日記　大正六年　支那国へ供給兵器に関する綴　密受第四六一号　其他』、JACAR：Ref.C10073200500、画像頁〇二二九）。

35 「支那行兵器輸送ニ関スル件　大正七年八月三一日受領　西密受第二七九号」（防衛省防衛研究所蔵『陸軍省大日記　大正一二年一月至一二月』、JACAR：Ref.C03010358400、画像頁〇六五四〜〇六五五）。

36 「第二回支那行中央政府兵器供給期限ニ関スル件」防衛省防衛研究所『陸軍省大日記　第四六一号、兵器局銃砲課、大正七年八月三〇日受』、JACRA：Ref.C10073201700、画像頁〇四〇八〜〇四一二）。

37 なお東京工廠で生産された諸兵器の国内受注と海外輸出の割合については明確な史料は不在だが、本章で明らかにしたように中国を筆頭に海外からの発注が大量化し、これに十分に対応できないほど輸出兵器不足に陥っていた。それを埋め合わせるために、陸軍の場合では在庫兵器や旧型兵器の拠出を関係部隊に要請し、海外からの発注に応えている。その点から当該期では慢性的な輸出用兵器不足が続いていたことは確かであろう。因みに、一九一四年段階における軍器製造部門の工場数は一八カ所（原動機馬力数一六五一九一馬力、職工数七九七六八人）であった（小山弘健『日本軍事工業の史的分析』御茶ノ水書房、一九七二年、一五九頁）。

38　「密受第四六一号　兵器局銃砲課　件名　江蘇省行兵器払下ニ関スル件　大正七年十月　大臣官房受領」（防衛省防衛研究所蔵『陸軍省大日記　大正七年一〇月三〇日　兵器局銃砲課　陸軍省』、JACRA：Ref. C10073202200、画像頁〇四九四）。

39　「密受第四六一号　兵器局銃砲課　件名　江蘇省行兵器払下ニ関スル件　大正七年十月　大臣官房受領」（防衛省防衛研究所蔵『陸軍省大日記　大正七年一〇月三〇日　兵器局銃砲課　陸軍省』、JACRA：Ref. C10073202200、画像頁〇五〇三）。

40　「密受第四六一号　兵器局銃砲課　件名　江蘇省行兵器払下ニ関スル件　大正七年十月　大臣官房受領」（防衛省防衛研究所蔵『陸軍省大日記　大正七年一〇月三〇日　兵器局銃砲課　陸軍省』、JACRA：Ref. C10073202200、画像頁〇五一〇）。なお、同史料には、兵器供給（武器輸出）促進のために、「第一、供給ヲ一層迅速ニスルコト、第二、価格ヲ一層低廉ナラシムルコト、第三、兵器ノ使用、取扱及保存法等ニ関シ一層親切ニ説明スルノ方法ヲ講スルコト、第四、可成支那側ニ於テ希望スル諸般ノ武器弾薬、器具、材料等ノ需要供給ニ応シ得ル如ク務ムルコト」の四点が不可欠だと記されている。

41　「黒龍江督軍に兵器供給の件」（防衛研究所『陸軍省大日記　「黒龍江督軍ニ兵器供給ノ件」密受第一七六号ノ其二　関東都督府』、JACRA：Ref.C03022472600、画像頁〇二八五）。

42　「黒竜支隊に武器交付の件」（防衛省研究所蔵『西受大日記　大正八年二月』「黒竜支隊ニ武器交付ノ件」西密大　第三二五号　参謀本部　大正七年九月一六日』、JACRA：Ref.C03010131500、画像頁〇八〇五〜〇八〇六）。

43　「黒竜支隊に武器交付の件」（防衛省研究所蔵『西受大日記　大正八年二月　黒竜支隊ニ武器交付ノ件」密大　第三二五号　参謀本部　大正七年九月一六日』、JACRA：Ref.C03010131500、画像頁〇七九一）。

44 「支那行兵器供給の件」（防衛省防衛研究所蔵『陸軍省大日記　大正六年　支那国へ供給兵器に関する綴　密受第四六一号　其他』、JACRA：Ref.C10073202300、画像頁〇五四一～〇五四二）。

45 「支那行兵器供給の件」（防衛省防衛研究所蔵『陸軍省大日記　大正六年　支那国へ供給兵器に関する綴　密受第四六一号　其他』、JACRA：Ref.C10073202300、〇五四四～〇五四五）。

46 「支那兵器に関する件」（防衛省防衛研究所蔵『陸軍省大日記　大正六年　支那国へ供給兵器に関する綴　密受大四六一号　其他』（JACRA：Ref.C10073200500、画像頁〇二二〇）。

47 「支那行兵器供給の件　大正六年　支那国へ供給兵器に関する綴　密受第四六一号　其他」（防衛省防衛研究所『陸軍省大日記』、JACRA：Ref.C10073200500、画像頁〇二一九）。

48 「支那行兵器供給の件　大正六年　支那国へ供給兵器に関する綴　密受第四六一号　其他」（防衛省防衛研究所『陸軍省大日記』、JACRA：Ref.C10073200500、画像頁〇二二七）。

49 「支那国へ兵器供給に関する綴」（防衛省防衛研究所蔵『陸軍省大日記　大正六年　密受第四六一号』、JACRA：Ref.C10073200500、画像頁〇二一七）。なお、泰平公司は、この他にも徐樹錚の要請で三八年式歩兵銃四七〇〇〇挺、同弾薬九四〇万発、三八年式機関銃一一四挺、同弾薬一三二万発、三八式野砲五四門、同榴霰弾二七〇〇〇発、同榴弾五四〇〇〇発、六年式山砲一二六門、同榴霰弾六三〇〇〇発、榴弾一二六〇〇発の発注を受けている（同上、画像頁〇二三五）。

50 「支那行兵器供給に関する件」（防衛省防衛研究所蔵『陸軍省大日記　密第四六一号　軍務局軍事課　提出大正七年一月二四日』、JACRA：Ref.C10073199200、画像頁〇〇九六）。

51 廈門各界反日同盟会が作成した『日貨調査録』（中華民国一八年四月発行）には、全てが武器を扱っていた訳ではないが、大正期から昭和初期にかけて中国国内で中国中央政府及び各省督軍や地方勢力と貿易取引をした仲介業者には、徳行洋行、天祐洋行、日比洋行、西京紙物廠、大阪一二洋行、阿都寺洋行、東京電燈公司、三合公司、義記洋行、中利洋行、徳記洋行、利記洋行、西京模範、大和洋行など全部で五九社の名前がリストアップされている。このなかには日露戦後から対中国武器輸出を担った三井洋行なども含まれている。また、イタリアからの航空機輸入など手掛けた和登洋行などは含まれていない（外務省外交史料館蔵『戦前期外務省記録　昭和四年四月』「廈門／8日貨調査記録」、JACRA：Ref. B02030053000、画像頁〇一九〇）。なお、泰平組合は当初は武器輸出の一本化と陸軍の強い統制力確保のために高田商会など有力輸出企業が合同出資して設立された。その後、武器輸出の要請が増大するに伴い、これに対応するため新規参入企業を緩和したため乱立の様相を呈するに至った。その一方で中国の細部にわたる武器注文への対応が可能となった一面も否定できない。

52　「支那に対する兵器供給に関する件」（防衛省防衛研究所蔵『陸軍省大日記　大正六年　支那国に対する兵器供給方に関する綴　密受第四六一号　其他支那ニ対スル兵器供給ニ関スル件　密受第五八八号　軍事課大正七年一二月二五　受領』、JACRA：Ref.C10073203200、画像頁〇七〇九〜〇七一〇）。

53　「支那に対する兵器供給に関する件」（防衛省防衛研究所蔵『陸軍省大日記　支那ニ対スル兵器供給ニ関スル件　密受第四六一号　外務省　大臣官房受領　大正八年一月七日　受領』、JACRA：Ref.C10073203000、画像頁〇六六三〜〇六六五）。

54　「支那に対する兵器供給に関する件」（防衛省防衛研究所蔵『陸軍省大日記　支那ニ対スル兵器供給ニ関スル件　密受第四六一号　外務省　大臣官房受領　大正八年一月七日　受領』、JACRA：Ref.C10073203000、JACRA：Ref. 画像頁〇六七四）。

55　「支那ニ対スル兵器供給ニ関スル件」（防衛省防衛研究所蔵『陸軍省大日記　大正六年　支那国へ供給兵器

に関する綴　密受第四六一号　其他』、JACRA：Ref.C10073203000、画像頁〇六八五〜〇六八六)。

56 「支那ニ対スル兵器供給ニ関スル件」(防衛省防衛研究所蔵『陸軍省大日記　大正六年　支那国へ供給兵器に関する綴　密受第四六一号　其他』、JACRA：Ref.C10073203000、画像頁〇六八七)。

57 「支那ニ対スル兵器供給ニ関スル件」(防衛省防衛研究所蔵『陸軍省大日記　大正六年　支那国へ供給兵器に関する綴　密受第四六一号　其他』、JACRA：Ref.C10073203000、画像頁〇六七五〜〇六七七)。

58 「支那ニ対スル兵器供給ニ関スル件」(防衛省防衛研究所蔵『陸軍省大日記　大正六年　支那国へ供給兵器に関する綴　密受第四六一号　其他』、JACRA：Ref.C10073203000、画像頁〇六八七)。

59 「支那ニ対スル兵器供給ニ関スル件」(防衛省防衛研究所蔵『陸軍省大日記　大正六年　支那国へ供給兵器に関する綴　密受第四六一号　其他』、JACRA：Ref.C10073202900、画像頁(JACRA：Ref.C10073202900、画像頁〇六一七〜〇六一八)。

60 「支那行兵器供給に関する件」(防衛省防衛研究所蔵『陸軍省大日記　大正六年　支那国へ供給兵器ニ関スル綴　其他支那行兵器供給ニ関スル件』、JACRA：Ref.C10073202900、画像頁〇六三七)。

61 「支那行兵器員数に関する件」(防衛省防衛研究所蔵『陸軍省大日記　大正六年　支那国へ供給兵器に関する綴　支那行兵器員数ニ関スル件』、JACRA：Ref.C10073202700、画像頁〇六〇一〜〇六〇六)。

62 「支那行兵器に関する件」(防衛省防衛研究所蔵『陸軍省大日記　大正六年　支那国へ供給兵器ニ関スル綴』、JARCA：Ref.C10073199200、画像頁〇〇九六)。

63 「支那行兵器に関する件」(防衛省防衛研究所蔵『陸軍省大日記　大正六年　支那国へ供給兵器ニ関スル綴』、JARCA：Ref.C10073204700、画像頁〇九七四)。

64 「支那行兵器に関する件」(防衛省防衛研究所蔵『陸軍省大日記　大正六年　支那国へ供給兵器ニ関スル綴』、

65　JARCA：Ref.C10073204700、画像頁〇九七八）。
「支那行兵器に関する件」（防衛省防衛研究所蔵『陸軍省大日記　大正六年　支那国へ供給兵器ニ関スル綴』、JARCA：Ref.C10073204700、画像頁〇九八二～〇九八三）。

66　参戦軍とは、北京政府・安徽派が西原借款を原資として編成した部隊を指す。国軍というより段祺瑞の私的軍隊としての性格が強く、安徽派の精鋭部隊とされ、「王牌軍」との異名があった。

67　「支那行兵器に関する件」（防衛省防衛研究所蔵『陸軍省大日記　大正六年　支那国へ供給兵器ニ関スル綴』、JARCA：Ref.C10073204700、画像頁〇九八二～〇九八四）。

68　因みに、シベリア干渉戦争（一九一八～一九二五）中、日本軍が中国東北部の満州里に出兵する折に、中国も一個師団を出動する意向を示す。段祺瑞政権は、その軍費と武器とを日本からの援助に期待した浅田雅文（二〇一六、本書二八六頁参照）七五頁を参照。

第五章　冷戦期日本の防衛産業と武器移転

1　南山大学紀要『アカデミア』（社会科学編、第一四号、二〇一八年一月、収載）。

2　同論文、五八頁。

3　これに関連して、沢井は「防衛生産を手放さなかったことの背景には、防衛生産を国の基本と考える経営者の判断だけでなく、出血受注を防ぎつつ、防衛力強化への協力を呼びかける防衛生産企業を所管する通産省、防衛装備品のユーザーである防衛庁、経団連防衛生産委員会などから強力な働きかけがあったものと想像されるが、その詳細の解明は今後の課題である。」と指摘する（同上、五九頁）。

4　同右、四一頁。

5　成城大学経済学部『経済学紀要』（1）第一五八号・二〇〇二年一一月、（2）第一五九号・二〇〇三年一月、（3）第一六〇号・二〇〇三年三月）。

6　韓国国際政治学会編刊『国際政治論叢―二一世紀韓国の軍隊と社会』（第三七巻第二号・一九九七年一二月、収載）。

7　鄭敬娥「冷戦下の韓国の自主国防に関する考察―一九六〇年代後半から七〇年代初頭の朴正煕政権を就中心に―」（『大分大学教育福祉科学部研究紀要』第三七巻第一号、二〇一五年四月、七〇頁参照）。

8　小山弘建『日本軍事工業の史的分析―日本資本主義の発展構造との関連で―』（御茶ノ水書房、一九七二年、三三四〜三三五頁）、東洋経済新報社編刊『昭和産業史』（第一巻、一九五〇年、五〇六、五二三頁、参照）、J・B・コーヘン（大内兵衛訳）『戦時戦後の日本経済』下巻、岩波書店、二二六頁）など参照。

9　MSA法の「付属文書A」には、アメリカ合衆国政府が日本国の防衛生産の諸工業の資金調達を援助するよう考慮するならば、日本国の防衛力の発展は著しく容易になるべきことを述べた」と、記されていた。

10　ジョン・パーマ「日本の防衛産業は今後如何にあるべきか」（『防衛研究所紀要』第一二巻第2・3合併号、二〇一〇年三月、一一八頁）。

11　浅井良夫「一九五〇年代の特需について」（成城大学『経済学研究』第一六〇号、二〇〇三年、一一三頁）。

12　大蔵省官房総務課作成「日米経済協力に関する資料（経済安定本部）」（JARCA : Ref.A19110145600）。

13　五十嵐武士『戦後日米経済関係の形成』（講談社・学術文庫、一九九五年、二二九頁）。

14　例えば、大蔵大臣官房総務課作成の「日本の経済協力に関する資料」（経済安定本部）など参照。（同史料は、JARCA：Ref.A1911014550)。

15 再軍備問題については、数多の先行研究があるが、ここでは増田弘「朝鮮戦争以前におけるアメリカの日本再軍備構想(一)(二)」(慶應義塾大学法学部『法学研究』(一)第七二巻第四号・一九九九年四月、(二)第七二巻第五号・一九九九年五月)を挙げておく。

16 経済部・金融課「わが国再軍備の経済的負担」(国立国会図書館調査立法考査局編刊『レファレンス』第三六号、一九五四年一月、三四頁)。

17 一九五四年における三案の軍事予算案は、保安庁案が日本側軍事費一一八〇億円、米MSA援助一〇八〇億円の合計二二六〇億円、経済審議会案が同様に一〇三八億円、八〇一億円の合計一八三七億円、大蔵案が七六四億円、五四〇億円で合計一三〇四億円であった。同上『レファレンス』(第三六号、第二表ロ、三三頁参照)。

18 経済部・金融課「わが国再軍備の経済的負担」(国立国会図書館調査立法考査局編刊『レファレンス』第三六号・一九五四年一月、三五頁)。

19 尚、ヨーロッパにおける軍備拡張計画の実態とMSA援助の問題については、藤井正夫「西欧軍拡計画と米国MSA援助」(『レファレンス』第三一号・一九五三年)、山越道三「西独の再軍備と財政経済乃至人的資源」(同、第五三号・一九五五年六月)等が参考となる。

20 『官報号外　第一九回　参議院会議録』第二一号、昭和二九年三月一九日、二九九頁。

21 石井晋「MSA協定と日本―戦後型経済システムの形成(1)」(学習院大学『経済論集』第四〇巻第三号・二〇〇三年一〇月、一七九頁)。

22 実際に当該期日本の経済史から言えば、中村隆英は「日米『経済協力』関係の形成」近代日本研究会編

23 『年報　近代日本研究四　太平洋戦争』山川出版、一九八二年）のなかで、「この時期が戦後三十余年の日本史のなかで、もっとも再軍備と軍需生産に傾斜した時代であった」としている。

24 『第一九回参議院予算委員会議事録』第二六号、昭和二九年四月二三日、四頁。

25 『日本の防衛』朝雲新聞社、一九五八年、三九頁。

26 『第一九回参議院予算委員会議事録』第二六号、昭和二九年四月二三日、一一頁。

27 『第一九回参議院予算委員会議事録』第二七号、昭和二九年四月二三日、九頁。

28 同右。

29 『第一九回参議院予算委員会議事録』第二八号、昭和二九年四月二四日、七頁。

30 そうした戦前期の事例については、纐纈厚「戦前期日本の武器生産問題と武器輸出商社―泰平組合と昭和通商の役割を中心として―」（明治大学国際武器移転史研究所編刊『国際武器移転史』第八号、二〇一九年七月、本書第二章に収載）を参照されたい。

31 『第一九回参議院予算委員会議事録』第二六号、昭和二九年四月二三日、一一頁。

32 ジョン・パーマは、前掲「日本の防衛産業は今後如何にあるべきか」のなかで、日本の防衛産業の四つの独自性として、「第1に防衛に対する国民の曖昧な姿勢、第2に国内生産を最大化しようという姿勢（国産化への傾斜）、第3に輸出禁止、そして最後が防衛費をGDPの一%に抑えるという根拠が不明確な原則である。」（『防衛研究所紀要』第一二巻第2・3合併号、二〇一〇年三月、一一六頁）とし、日本の防衛政策の曖昧さを指摘している。

33 防衛生産委員会編刊『防衛生産委員会十年史』一九六四年、七頁。

34 同右、一九頁。

34 経済審議庁計画部計画第二課「経済一般・経済一般昭和二八年〜昭和二九年（7）」（JARCA：A18110493200「1．対日MSA援助に関する米側見解」画像二八六頁）。
35 同右、画像二九九〜三〇〇頁。
36 経済部・金融課「わが国再軍備の経済的負担」（国立国会図書館調査立法考査局編刊『レファレンス』第三六号、一九五四年二月、二九頁）
37 同右。
38 因みに、以上の二案以外の保安庁案（昭和二九年〜三三年）の防衛費総計一兆四九六〇億円（日本側軍事費九五六〇億円、米側MSA援助五四〇〇億円）、経審案の防衛費総額一兆二一六二億円（日本側負担分八〇九〇億円、米側MSA援助予想四〇七二億円）、大蔵案の防衛費総額八九七〇億円（日本側軍事費六二七〇億円、米側MSA援助二七〇〇億円）となっていた。（経済部・金融課「わが国再軍備の経済的負担」国立国会図書館調査立法考査局編刊『レファレンス』第三六号、一九五四年二月、三三頁）。
39 同右。
40 『中央公論』第七八一号、一九五三年一一月号、一〇四頁。
41 木村禧八郎「防衛生産の進行による日本の變貌」（『中央公論』第七七三号、一九五三年四月号、「『防衛生産』問題特集」、九一頁。
42 平井苹五「防衛生産計画を推進するもの」（同上、一一〇頁）。
43 小松製作所編刊『小松製作所五十年のあゆみ：略史』（一九七一年五月刊）の年表より。
44 「小松製作所河合社長の挨拶（昭和三〇年一一月一日　日本工業倶楽部）」（防衛生産委員会編刊『防衛生産委員会十年史』一九六四年、八三頁）。

45　実際に当該期における日本の武器輸出の一端は、「日本は、一九五三年、タイに三七ミリ砲弾を輸出し、他の武器もビルマ、台湾、ブラジル、南ベトナム、インドネシア、米国に販売されたが、数量的には多くはなかった。一九六〇年代中盤まで、日本の防衛産業は自衛隊、及び成長する防衛産業基盤の需要を満たすことに集中した」（ジョン・パーマ「日本の防衛産業は今後如何にあるべきか」防衛省防衛研究所編刊『防衛研究所紀要』第一二巻第二・三合併号、二〇一〇年三月、一一九頁）とする指摘がある。

46　櫻川明巧「日本の武器禁輸政策」（『国際政治』一〇八号、一九九五年三月、一二五頁）。

47　『中央公論』（第七七三号、一九五三年四月号、九〇頁）。

48　例えば、寺澤一「再軍備賛成論―反対論の展望」では、鍋山貞親「武力的自衛の組織を」（『日本週報』第一五四号）、「考えねばならぬ再軍備問題」（『毎日新聞』社説、一九五〇年八月二九日付）、芦田均「永世中立不可能論」『文藝春秋』秋、一九五〇年緊急増刊号）、同「朝鮮事変の次に来るもの」（『ダイヤモンド』一九五〇年八月中旬）、同「平和のための自衛」（『毎日新聞』寄稿、一九五一年一月一四日付）、同「再軍備は是か非か―自由と平和を衛る軍備」（『世界週報』一九五一年一〇月一一日付）、伊藤正徳「日本国防の最善方式」（『文藝春秋』一九五一年一〇月号）、秋山操「日本再軍備をめぐる世界の輿論」（『時事週報』一九五一年九月二五日号）などが紹介されている（『中央公論』第七六七号、一九五二年一一月号）。

49　日本の再軍備過程から自衛隊創設に至るまで、一貫して軽軍備構想を主張した吉田茂の再軍備論を「吉田路線」と括り、それが戦後日本の防衛政策の特徴だとする視点を打ち出した研究は少なくないが、代表的な先行研究として中野信吾『戦後日本の防衛政策―「吉田路線」をめぐる政治・外交・軍事』（慶應大学出版会、二〇〇六年）を挙げておく。

50 以上、『第一九回参議院予算員会議事録』第二六号、昭和二九年四月二二日、三頁。
51 『第一九回参議院予算員会議事録』第二六号、昭和二九年四月二二日、四頁。
52 『第一九回参議院予算員会議事録』第二七号、昭和二九年四月二三日、一一頁。
53 前掲『防衛生産委員会十年史』、一八三頁。
54 同右、二〇二頁。品目別では、弾薬・火薬七四万四〇〇〇ドル、航空機四一四万ドル、船舶五八万四〇〇〇ドル、車両部品一五七万四〇〇〇ドルなど。
55 木原正雄「経済発展における軍需生産の役割について」(京都大学経済学会編刊『経済論叢』第一〇九巻・第四、五、六号、一九七二年四、五、六月合併号、七頁)。
56 同右、八頁。
57 中野真吾前掲書、一一五頁。

文献リスト（＊論文中で引用したものは省く）

第一章　武器生産をめぐる軍民関係と軍需工業動員法

小林幸男（一九六四）「『挙国一致』論覚書(2)」近畿大学『法学』第一三巻第号
吉田裕（一九七八）「第一次世界大戦と軍部」『歴史学研究』第四六〇号
戸部良一（一九八〇）「第一次大戦と日本における総力戦の受容」『新防衛論集』第七巻第四号
原田敬一（一九八二）「近代日本の軍部とブルジョアジー」『日本史研究』第二三五号
高橋秀直（一九八五）「原内閣の成立と総力戦政策」『史林』第六八号
高橋秀直（一九八六）「総力戦政策と寺内内閣」『歴史学研究』第五五二号
佐々木久信（一九八六）「軍需工業動員法」の成立過程についての一考察――戦時統制経済の起点」『日本大学文理学部（三島）研究年報』第三五号
池田憲隆（一九八八）「軍事工業と工業動員政策」『日本近代化の思想と展開』文献出版
諸橋英一（二〇一三）「第一次世界大戦期の総動員機関における文民優位の進展」『法学政治学研究』第九七号
纐纈厚（二〇一八）“Total War and Japan: Reality and Limitations of the Establishment of the Japanese Total War System”『国際武器移転史』第六号〔英語論文〕
森靖夫（二〇一九）「近代日本における「国七六七号家総動員」準備の形成（１９１８～１９２７）」『同志社法学』第七一巻第四号［通巻四〇七号］

纐纈厚（一九八一年）『総力戦体制研究　日本陸軍の国家総動員構想』三一書房〔二〇一〇と二〇一八に社会評論社から復刻〕
黒沢文貴（二〇〇〇）『大戦間期の日本陸軍』みすず書房
森靖夫（二〇二〇）『「国家総動員」の時代　比較の視座から』名古屋大学出版会

第二章　帝国日本の武器生産問題と武器輸出商社

佐藤昌一郎（一九八九－一九九二）「陸軍造兵廠と再生産機構―軍縮期の陸軍造兵廠機構分析試論―（上・中・下の一－四）『経営志林』第二六第二号、第二七巻第一号、第二八巻第四号、第二九巻第一・二号
山崎志郎（一九九四）「陸軍造兵廠と軍需工業動員」『商学論集』第六二巻第四号
池田憲隆（一九八七）「日露戦争後における陸軍と兵器生産」『土地制度史学会』第一一四号
奈倉文二（二〇一七）「日清戦争期における高田商会の活動―英国からの「戦時禁制品」輸送を中心に―」『国際武器移転史』第四号
竹村民郎（一九七二）『独占と兵器生産―リベラリズムの経済構造―』勁草書房
横山久幸（二〇〇二）「日本陸軍の武器輸出と対中国政策―「帝国中華民国兵器同盟策」を中心にして」『戦史研究年報』第五巻
横山久幸（二〇〇六）「一九一八年の日中軍事協定と兵器同盟について」『上智史学』第五一号
鈴木淳（二〇一四）「陸軍軍縮と兵器生産」、横井勝彦編『軍縮と武器移転の世界史』日本経済評論社
笠井雅直（二〇一四）「陸軍の自動車工業統制とトヨタ自動車工業」『名古屋学院大学論集　社会科学篇』第五一巻第一号

中川清（一九九五）「明治・大正期の代表的機械商社高田商会」『白鳳大学論集』第九巻第二号
中川清（一九九四）「明治・大正期における兵器商社高田商会」『白鳳大学論集』創刊号、第一巻
中川清（一九九五）「兵器商社高田商会の軌跡とその周辺」『軍事史学』第三〇巻第四号

第三章　第一次世界大戦後期日本の対ロシア武器輸出の実態と特質

通商産業省編（一九六一）『商工政策史　第四巻：重要調査会』商工政策史刊行会
大山梓編（一九六六）『山県有朋意見書』原書房
山本四郎編（一九七九）『京都女子大学研究叢刊４　第二次大隈内閣関係史料』京都女子大学
伊藤隆編（一九八一）『近代日本史料選書２　大正初期山県有朋談話筆記　政界思出草』山川出版社
吉村道男（一九九一）『増補　日本とロシア』日本経済評論社
山室信一（二〇一一）『複合戦争と総力戦の断層　日本にとっての第一次世界大戦』人文書院
山室信一他編（二〇一四）『現代の起点　第一次世界大戦　第1巻　世界戦争』岩波書店
坂本雅子（二〇〇三）『財閥と帝国主義　三井物産と中国』ミネルヴァ書房
纐纈厚（二〇一八）「戦前日本の武器移転と武器輸出商社」『世界』第九一二号
芥川哲士（一九八七）「武器輸出の系譜（承知）―第一次大戦期の武器輸出―」『軍事史学』第二三巻第四号
エドワルド・バールィシェフ（二〇一二）「第一次世界大戦期の「日露兵器同盟」と両国間実業関係―「ブリネル&クズネツォーフ商会」を事例にして―」島根県立大学地域研究センター編『北東アジア研究』第二三号
エドワルド・バールィシェフ（二〇〇五）「第一次世界大戦期における日露接近の背景―文明論を中心にし

て―」北海道大学スラブ研究センター編『スラブ研究』第五二号
エドワルド・バールィシェフ（二〇一三）「第一次世界大戦期の『日露兵器同盟』とロシア軍人たちの「見えない戦い」―ロシア陸軍省砲兵本部の在日武器軍需品調達体制を中心に―」『ロシア史研究』第九三号
エドワルド・バールィシェフ（二〇一九）「反ボリシェヴィキ諸政権の内戦闘争と日本の軍事的な支援（一九一八～一九二二）」『ロシア史研究』第一〇三号
渡邉公太（二〇一一）「第一次大戦前期の日本外交戦略　英米協調と日露同盟論の間で」戦略研究学会編『戦略研究』第九号

第四章　第一次世界大戦期日本の対中国武器輸出の展開と構造

栗原健編著（一九六六）『対満蒙政策史の一面』原書房
笠原十九司（二〇一四）『第一次世界大戦期の中国民族運動―東アジア国際関係に位置づけて―』汲古書院
浅田雅文（二〇一六）『シベリア出兵　近代日本の忘れられた七年戦争』中央公論新社・新書
鈴木武雄監修（一九七二）『西原借款試料研究』東京大学出版会
長岡新次郎（一九六〇）「対華二十一ヶ条要求条項の決定とその背景」『日本歴史』第一四四号
臼井勝美（一九六〇）「一九一九年の日中関係」『史林』第四三巻第三号
関寛治（一九六二）「一九一八年日中軍事協定成立史序論」『東洋文化研究所紀要』第二六号
山本四郎（一九七四）「参戦・二一カ条要求と陸軍」『史林』第五七巻第三号
前田恵美子（一九七五）「段祺瑞政権と日本の対支投資―兵器代借款を中心に―」『金沢大学経済論集』第

一二・一三号
笠原十九司（一九八三）「日中軍事協定と北京政府の「外蒙自治取消」—ロシア革命がもたらした東アジア世界の変動の一側面—」『歴史学研究』第五一五号
菅野正（一九八五）「五四前夜の日中軍事協定反対運動」『奈良史学』第三号
小松和生（一九八五）「第一次大戦期寺内内閣の外交および軍事＝経済政策—対ソ戦略と総力戦体制—」富山大学紀要『富大経済論集』第三一巻第一号
芥川哲士（一九八五）「武器輸出の系譜—泰平組合の誕生まで—」『軍事史学』第二一巻第二号
芥川哲士（一九八六）「武器輸出の系譜（承前）—第一次世界大戦の勃発まで—」『軍事史学』第二一巻第四号
菅野正（一九八六）「日中軍事協定の廃棄について」『奈良史学』第四号
芥川哲士（一九九二）「武器輸出の系譜—第一次世界大戦期の中国向け輸出—」『軍事史学』第二八巻第二号
横山久幸（二〇〇二）「日本陸軍の武器輸出と対中国政策について—「帝国中華民国兵器同盟策」を中心として—」『戦史研究年報』第五号
横山久幸（二〇〇五）「一九一八年の日中軍事協定と兵器同盟（上智大学史学会第五十四回大会部会研究発表要旨）」第五〇号
横山久幸（二〇〇六）「一九一八年の日中軍事協定と兵器同盟について」『上智史學』第五一号
張邏（二〇一七）「対華二十一カ条」廃棄をめぐる外交衝突についての研究」『社学研論集』第三〇巻
菅野直樹（二〇一八）「寺内正毅像の再検討に向けて：対中国政策と実業家人脈から」『史学雑誌』第一二七号

柴田佳祐（二〇二〇）「日華共同防敵軍事協定（一九一八〜一九二一年）はなぜ終結したのか」『広島法学』第四四巻第二号
柴田佳祐（二〇二〇）「同盟終結要因の再検討—推進要因と抑制要因および比較考量のための分析枠組み—」『広島法学』第四四巻第一号

第五章　冷戦期日本の防衛産業と武器移転

芦田均（一九五〇）「永世中立不可能論」『文藝春秋』緊急増刊号
秋山操（一九五二）「日本再軍備をめぐる世界の輿論」『時事週報』
宇佐美誠次郎（一九五三）「MSA援助は耐乏生活を要求する」『中央公論』第七八一号
寺沢一（一九五二）「再軍備賛成論　反対論の展望」『中央公論』第七六七号
木村正雄（一九七二）「経済発展における軍需生産の役割について」京都大学経済学学会編刊『経済論叢』第一〇九巻第四・五・六号
中村隆英（一九八二）「日米『経済協力』関係の形成」近代日本太平洋研究会編『年報　近代日本研究四　太平洋戦争』山川出版社
韓国国際政治学会編〈一九九七〉『国際政治論集　二一世紀韓国の軍隊と社会』第三七巻第二号
石井晋〈二〇〇三〉「MSA協定と日本」学習院大学『経済論集』第四〇巻第三号
J・B・コーヘン（一九五〇）『戦時戦後の日本経済』岩波書店
中野信吾（二〇〇六）『戦後日本の防衛政策「吉田路線」をめぐる政治・外交・軍事』慶應大学出版会

赤城正一（一九六一）『日本の防衛産業』三一書房
防衛生産委員会編刊（一九六四）『防衛生産委員会十年史』
エコノミスト編集部（一九六八）『日本の兵器産業』毎日新聞社
吉原公一郎（一九八八）『日本の兵器産業』社会思想社

【初出一覧】

第一章「武器生産をめぐる軍民関係と軍需工業動員法」（纐纈厚『日本政治史研究の諸相』明治大学出版会、二〇一九年）

第二章「帝国日本の武器生産問題と武器輸出商社」（明治大学国際武器移転史研究所編刊『国際武器移転史』第八号、二〇一九年七月）

第三章「第一世界大戦後期日本の対ロシア武器輸出の実態と特質」（同右、第一三号、二〇二二年一月）

第四章「第一次世界大戦期日本の対中国武器輸出の展開と構造」（同右、第一四号、二〇二二年七月）

第五章「冷戦期日本の防衛産業と武器移転」（横井勝彦編『冷戦期アジアの軍事と援助』日本経済評論社、二〇二一年）

あとがき

本書が生まれた経緯を少し振り返ることをお許し願いたい。

二五年間勤務した山口大学を定年退職後、暫くの時を経て、私は二〇一八年四月に母校の明治大学の特任教授に就任した。そこでの主要な任務は、明治大学国際武器移転史の客員研究員として研究と機関誌『国際武器移転史』の編集及び執筆であった。同研究所のスタッフと総合講座も担当し、学生・院生と触れる機会をも得た。長い間、前任校では随分と行政に時間を食われていただけに、自由に研究する時間を得たのは何より幸いであった。二〇二一年三月で定年退職となった後も、引き続き客員研究員の身分を与えられ、特任教授時代と同様の任務に就いている。

国際武器移転史研究所は、「総合的歴史研究を通じて、軍縮と軍備管理を取り巻く近現代世界の本質的構造を解明することにあります。本研究所では、経済史・国際関係史・帝国史・軍事史などを含めた総合的な視点から、武器移転と軍縮・軍備管理との関係、兵器産業と国家の関係、さらには兵器拡散が国際社会や途上国の開発支援に及ぼす影響などに注目して、近現代世界が内包する本質的な問題の構造を明らかにしていくことを目的としています。」（同研究所ホームページ「研究対象と分析視角」より）とあるように、多様なアプローチからする研究機関である。それは学長直轄の明治大学では、唯一と言って良い人文社会学系の研究所である。学内外含めて二〇名余りの研究者が参加し、定例研究会やシンポジウムの開催、機関誌や著作の出版など非常にアクティブな活動で知られている研究機関でもある。

近年では韓国や台湾からの研究者を招聘して国際シンポジウムの開催や、中国社会科学院日本研究所などとの研究交流協定を締結し、研究交流会の機会などを得ている現状である。将来的には韓国や台湾、インドなどとの研究交流の場の設定も計画している。

国際社会では戦争が頻発し、それに伴い武器の輸出入及び武器移転の実態が明らかにされている。戦争と武器の相関関係は言うまでもないが、武器自体が戦争の原因となり、同時に国家関係に武器を媒介にして政治的圧力が強行されるケースが一層顕著化している。その意味では武器の輸入及び武器移転に関する学際的な研究の一層の発展と展開が求められているように思われる。

そうした国際社会の動向を睨みながら国際平和の創造に大学の研究機関が如何なる貢献を果たすことが出来るのかを問いながら研究を進めているところである。

さて、本書に収めた第一章は、長年にわたり研究対象としてきた論文であり、その原型に相当する論文は、「軍需工業動員法制定過程における軍財間の対立と妥協」(『政治経済史学』第二三〇・二三一号、一九八五年)にまで遡る。その後、新しい史料や分析視角を踏まえて、書き続けている論文である。その結果、大幅に加筆修正して「兵器生産をめぐる軍民の対立と妥協」と改題して研究論文集『日本政治研究の諸相』(明治大学出版会)に収載したが、これまた若干の修正を施して本書に収載した次第である。今後とも新史料を入手しながら加筆修正を進めていきたいと考えている。

第二章から第四章は、国際武器移転史研究所の機関誌『国際武器移転史』に寄稿したものであり、また、第五章は前所長の横井勝彦先生を編者とする共著に寄稿させて頂いた論文である。従って、第二章から五章までの四本の論文は、国際武器移転史研究所の客員研究員に就かせて頂いたことで発表することができたものである。

それゆえに、同研究員に御誘い頂き、優れた指導力で同研究所を率いておられる前所長の横井勝彦先生には、何よりも先んじて深く御礼を申し上げたい。同時に、母校である明治大学に〝復帰〟でき、研究所との出会いがなければ本書も生まれなかったに違いないと思う。また、現所長である須藤功先生、同じく客員研究員として親しくして頂いている白戸伸一先生にも御礼を申し上げたい。研究テーマだけでなく、何気ない会話のなかから研究上のアイデアを頂戴もしている。こうした先生方と一緒に研究活動に勤しむことができるのは幸いである。明治大学と同研究所に少しでもお役にたてればこの上ない喜びである。

最後にこうした私の研究活動に一早く関心を持って頂き、厳しい出版状況のなかで論文集の出版を引き受けて頂いた緑風出版の高須次郎さんにも、あらためて御礼申し上げたい。緑風出版は、今日の混沌した時代に鋭い切り口の優れた本を次々と手がけられている稀有な出版社の一つである。本書のようなやや硬めの歴史論集のなかにも、現代社会を捉える一つの手がかりを見出せるのかも知れない、と思って頂いたと勝手に考えている。

[著者略歴]

纐纈　厚（こうけつ　あつし）

1951年岐阜県生まれ。一橋大学大学院社会学研究科博士課程単位取得退学。 博士（政治学、明治大学）。現在、明治大学国際武器移転史研究所客員研究員。前明治大学特任教授、元山口大学理事・副学長。専門は、日本近現代政治軍事史・安全保障論。

著書に『日本降伏』（日本評論社）、『侵略戦争』（筑摩書房・新書）、『日本海軍の終戦工作』（中央公論社・新書）、『田中義一　総力戦国家の先導者』（芙蓉書房）、『日本政治思想史研究の諸相』（明治大学出版会）、『戦争と敗北』（新日本出版社）、『崩れゆく文民統制』『重い扉の向こうに』『リベラリズムはどこへ行ったか』（緑風出版）など多数。

日本の武器生産と武器輸出―1874～1962

2023年12月31日　初版第1刷発行　　定価3,000円＋税

著　者　纐纈 厚©
発行者　高須次郎
発行所　緑風出版
〒113-0033　東京都文京区本郷2-17-5　ツイン壱岐坂
［電話］03-3812-9420　［FAX］03-3812-7262［郵便振替］00100-9-30776
［E-mail］info@ryokufu.com［URL］http://www.ryokufu.com/

装　幀　斎藤あかね
制　作　アイメディア　　印　刷　中央精版印刷
製　本　中央精版印刷　　用　紙　中央精版印刷　　E1000

ISBN978-4-8461-2314-7　C0031